中等职业教育改革发展示范学校建设项目成果教材

模具CAD/CAM——UG实训教程

主编　李久龙　　尚丰丰

参编　沙美华　杨　璐　程三九　李　刚

机械工业出版社

本书共分为8个模块，主要内容包括UG NX基本操作实训、使用建模法创建典型模具、UG NX Mold Wizard基础知识、UG NX Mold Wizard分模实训、Mold Wizard加载模架和标准件、手动分模与胡波工具应用、电极设计实训、UG NX数控加工编程实训。本书采用模块化的实训任务设计学习内容，全面介绍了UG NX 6模具设计与数控加工的方法与操作技巧，在实训项目案例的选取上力求贴近企业的生产实际。

本书的操作讲解详尽，通俗易懂。每一步骤都有详细的图示，附带光盘包含所有项目部件文件和操作演示视频，以满足读者临摹学习的需求。

本书适合作为中等职业学校模具制造技术、数控技术应用及相关专业教材，也可作为CAD/CAM领域技术人员的参考用书。

图书在版编目（CIP）数据

模具CAD/CAM：UG实训教程/李久龙，尚丰丰主编. –北京：机械工业出版社，2015.8

中等职业教育改革发展示范学校建设项目成果教材

ISBN 978-7-111-51121-2

Ⅰ.①模… Ⅱ.①李… ②尚… Ⅲ.①模具-计算机辅助设计-中等专业学校-教材 ②模具-计算机辅助制造-中等专业学校-教材 Ⅳ.①TG76-39

中国版本图书馆CIP数据核字（2015）第184609号

机械工业出版社（北京市百万庄大街22号 邮政编码100037）
策划编辑：齐志刚 责任编辑：齐志刚 吴超莉
版式设计：霍永明 责任校对：杜雨霏
封面设计：张 静 责任印制：李 洋
北京振兴源印务有限公司印刷
2015年10月第1版第1次印刷
184mm×260mm · 14.75印张 · 398千字
0001—1500册
标准书号：ISBN 978-7-111-51121-2
　　　　　 ISBN 978-7-89405-812-6（光盘）
定价：39.00元（含1DVD）

凡购本书，如有缺页、倒页、脱页，由本社发行部调换
电话服务　　　　　　　　　　网络服务
服务咨询热线：（010）88379833　机工官网：www.cmpbook.com
读者购书热线：（010）88379649　机工官博：weibo.com/cmp1952
　　　　　　　　　　　　　　　教育服务网：www.cmpedu.com
封面无防伪标均为盗版　　金书网：www.golden-book.com

前言

　　UG NX 是当前模具企业广泛使用的 CAD/CAE/CAM 一体化设计软件，Mold Wizard 是 UG NX 系列软件中用于注射模具自动化设计的专业应用模块。它为设计模具的型芯、型腔、滑块、顶杆和模架等提供了更进一步的建模工具，使模具设计更精确、快捷、容易。注射模向导（软件中称注塑模向导）模块专注于注射模设计过程的向导，使从零件的装载、布局、分型、模架的设计、浇注系统的设计到模具系统制图的整个设计过程非常直观和快捷，使模具设计人员专注于与零件特点相关的设计而无须过多关注烦琐的模式化的设计过程。

　　本书以"项目化教学"理论为指导，以模具设计、加工的工作任务为驱动，以模块化的实训任务为学习单元组织教学内容，在实训项目案例的选取和模具设计方式流程上力求贴近企业的生产实际。项目设置从熟悉 UG 软件和 Mold Wizard 模块的操作入手，以 UG 模具从设计到加工的全过程为主线，通过项目案例学习指令和操作技巧，做到学以致用，从而更轻松地掌握操作技能。项目之间前后衔接，学习后即可掌握一个产品从分型到加载模架、标准件，设计浇注系统、冷却系统、出模具工程图，到拆电极、创建加工操作的全过程。本书操作讲解详尽，每一步骤都有详细的图示，附带光盘包含所有项目部件文件和操作演示视频，满足读者临摹学习的需求。

　　本书由李久龙、尚丰丰主编，参与编写的人员有沙美华、杨璐、程三九、李刚。其中模块 2、5、6 由李久龙编写，模块 1、3、4 由尚丰丰编写，模块 7 由杨璐编写，模块 8 由沙美华编写，程三九、李刚负责整理案例素材。李久龙负责全书的统稿，尚丰丰负责校验。

　　由于编者水平所限，书中疏漏之处在所难免，望广大读者批评指正。

编　　者

目录

模块 1   UG NX 基本操作实训

模块简介

> 本模块主要是让读者对 UG NX 软件有初步认识，了解 UG NX 软件的界面布局和主要功能模块以及 UG NX 的主要应用领域。通过两个基础知识，学习 UG NX 的基本操作和基本指令，熟悉各个菜单、工具栏的位置和功能，从而为后续学习打下基础。通过两个实训任务，掌握 UG NX 的主要操作技能。比如打开、保存和关闭文件，导入、导出文件；设置对象显示方式、渲染方式，设置图层；学会使用快速拾取、选择条等选择工具选择所需对象；掌握移动至图层、复制至图层、图层设置等操作。

基础知识 1   UG NX 软件简介

1. UG NX 简介

UG NX 软件作为 UGS 公司的旗舰产品，是当今最流行的 CAD/CAE/CAM 一体化软件，为用户提供了最先进的集成技术和一流实践经验的解决方案，能够把任何产品的构思付诸实际。UG NX 9 是 UG 系列软件的最新版本。其不仅具有 UG 以前版本的强大功能，而且用户界面更加灵活，并由多个应用模块组成。使用这些模块，可以实现工程设计、绘图、装配、辅助制造和分析一体化等工作。随着版本的不断更新和功能的不断补充，使其向专业化和智能化方向不断迈进，例如机械布管、电器布线、航空钣金、车辆设计等。

UG NX 软件在航空航天、汽车、通用机械、工业设备、医疗器械以及其他高科技应用领域的机械设计和模具加工自动化的市场上得到了广泛的应用。NX 系列所倡导的"新一代数字化产品开发"将继续推行，并主要侧重 DFM（基于制造的设计）和 DFA（基于装配的设计），在设计环节充分考虑供应链环境和装配环境，提高设计的一次成功率，降低产品总体开发成本，缩短产品进入市场的时间，稳定产品质量。

2. UG NX 软件的主要功能模块

UG NX 软件包含基本环境、建模模块、制图模块、加工模块、装配模块、NX 钣金、外观造型设计、运动仿真、高级仿真等基本模块和大量的领域应用模块。

（1）基本环境

基本环境提供一个交互环境，它允许打开已有部件文件，生成新的部件文件，保存部件文件、绘制图纸和屏幕布局，选择应用，导入和导出不同类型的文件，以及其他一般功能。该应用还提供强化的视图显示操作、屏幕布局和层功能、工作坐标系操控、对象信息和分析以及访问联机帮助。基本环境是执行其他交互应用模块的先决条件,是用户打开 UG NX 后进入的第一个应用模块。在 UG NX 中,从"应用"下拉菜单中选择"基本环境",便可以在任何时候从其他应用模块回到基本环境。

（2）建模模块

建模模块是 UG NX 最常使用的基本模块之一,集成了 UG NX 的主要 CAD、CAE 功能。其中实体建模,提供了草图设计、各种曲线生成、编辑、布尔运算、扫掠实体、旋转实体、沿导轨扫掠、尺寸驱动、定义、编辑变量及其表达式、非参数化模型后参数化等工具。UG 特征建模模块提供了各种标准设计特征的生成和编辑,各种孔、键槽、凹腔、方形、圆形、异形、方形凸台、圆形凸台、异形凸台、圆柱、方块、圆锥、球体、管道、杆、倒圆、倒角、模型抽空产生薄壁实体、模型简化,用于压铸模设计等实体线、面提取,用于砂型设计等拔锥、特征编辑,即删除、压缩、复制、粘贴等,特征引用、阵列、特征顺序调整、特征树等工具。建模模块包含丰富的曲面建模工具,包括直纹面、扫描面、通过一组曲线的自由曲面、通过两组类正交曲线的自由曲面、曲线广义扫掠、标准二次曲线方法放样、等半径和变半径倒圆、广义二次曲线倒圆、两张及多张曲面间的光顺桥接、动态拉动调整曲面、等距或不等距偏置、曲面裁剪、编辑、点云生成、曲面编辑。

（3）制图模块

制图模块让用户从在建模应用中创建的三维模型,或使用内置的曲线 / 草图工具创建的二维设计布局来生成工程图纸。"制图"支持自动生成图纸布局,包括正交视图投影、剖视图、辅助视图、局部放大图以及等轴测制图。视图相关编辑和自动隐藏线编辑也得到支持。

（4）加工模块

UG 加工模块（UG CAM）是整个 UG 系统的一部分,它以三维主模型为基础,具有强大可靠的刀具轨迹生成方法,可以完成铣削（2.5 轴 ~ 5 轴）、车削、线切割等的编程。UG CAM 是模具数控行业最具代表性的数控编程软件,其最大的特点就是生成的刀具轨迹合理、切削负载均匀、适合高速加工。另外,在加工过程中的模型、加工工艺和刀具管理,均与主模型相关联,主模型更改设计后,编程只需重新计算即可,所以 UG 编程的效率非常高。

（5）装配模块

该应用模块支持"从上到下"和"从下到上"的装配建模。该应用提供了装配结构的快速移动并允许直接访问任何组件或子装配的设计模型。该应用支持"上下文设计"途径,即在装配的环境中工作时可以对任何组件的设计模型做改变。

（6）注塑模具向导模块

注塑模具向导,（Mold Wizard, MW）是针对注塑模具设计的一个专业解决方案,它具有强大的模具设计功能,用户可以使用它方便地进行模具设计。MW 配有常用的模架库与标准件库,方便用户在模具设计过程中选用。而标准件的调用非常简单,只需设置好相关标准件的关键参数,软件便自动将标准件加载到模具装配中,大大地提高了模具设计速度和模具标准化程度。

3. UG NX 软件的技术特点

● 具有统一的数据库,可实施并行工程。
● 采用复合建模技术。
● 基于特征的建模和编辑方法。
● 曲线设计采用非均匀有理 B 样线条作为基础。
● 出图功能强。
● 以 Parasolid 为实体建模核心。

● 提供了界面良好的二次开发工具。

● 具有良好的用户界面。

UG NX虽然版本更新较快，但各个版本在基本功能和界面上并无太大的更改，不同版本操作具有通用性，考虑到当前在企业和学校中UG NX多个版本并存的基本情况，在本书中主要以UG NX 6版本的界面和操作为例，其他版本完全可参照本书的操作。

4. UG NX 6的应用领域介绍

（1）工业设计和风格造型

UG NX为那些培养创造性和产品技术革新的工业设计和风格提供了强有力的解决方案。利用UG NX建模，工业设计师能够迅速地建立和改进复杂的产品形状，并且使用先进的渲染和可视化工具来最大限度地满足设计概念的审美要求。

（2）产品设计

UG NX包括了世界上最强大、最广泛的产品设计应用模块。UG NX具有高性能的机械设计和制图功能，为制造设计提供了高性能和灵活性，以满足客户设计任何复杂产品的需要。UG NX优于通用的设计工具，具有专业的管路和线路设计系统、钣金模块、专用塑料件设计模块和其他行业设计所需的专业应用程序。

（3）仿真、确认和优化

UG NX允许制造商以数字化的方式仿真、确认和优化产品及其开发过程。通过在开发周期中较早地运用数字化仿真性能，制造商可以改善产品质量，同时减少或消除对于物理样机的昂贵耗时的设计、构建，以及对变更周期的依赖。

（4）NC加工

UG NX加工基础模块提供连接UG所有加工模块的基础框架，它为UG NX所有加工模块提供一个相同的、界面友好的图形化窗口环境，用户可以在图形方式下观测刀具沿轨迹运动的情况并可对其进行图形化修改：如对刀具轨迹进行延伸、缩短或修改等。该模块同时提供通用的点位加工编程功能，可用于钻孔、攻丝和镗孔等加工编程。该模块交互界面可按用户需求进行灵活的用户化修改和裁剪，并可定义标准化刀具库、加工工艺参数样板库使初加工、半精加工、精加工等操作常用参数标准化，以减少培训时间并优化加工工艺。UG NX软件所有模块都可在实体模型上直接生成加工程序，并保持与实体模型全相关。UG NX的加工后置处理模块使用户可方便地建立自己的加工后置处理程序，该模块适用于目前世界上几乎所有主流NC机床和加工中心，该模块在多年的应用实践中已被证明适用于2～5轴或更多轴的铣削加工、2～4轴的车削加工和电火花线切割。

（5）模具设计

UG NX是当今较为流行的一种模具设计软件，主要是因为其功能强大。注塑模具向导（Mold Wizard）是UG NX软件中的一个模具设计模块，它可以指导模具的设计过程，应用模具向导技术一般能够将生产力提高1～10倍乃至更多。注塑模具向导提供给用户一个逻辑过程，指导用户一步步地完成模型设计。在这个优化的环境中提供了很多自动化的功能：如数据的读入和零件建模、家族模具、缩放控制、自动的模腔布局、分模功能、模架工具和库及标准件工具和库。分别对应于Mold Wizard工具条中的各个图标，并且图标的排列顺序与实际的模具设计过程相似。非常重要的一点是注塑模具向导模块与其他基本模块可以无缝协调工作，既提高了设计效率，又保持了非常大的自由度。

（6）开发解决方案

UG NX产品开发解决方案完全支持制造商所需的各种工具，可用于管理过程并与扩展的企业共享产品信息。UG NX 与 UGS PLM 的其他解决方案的完整套件无缝结合。这些对于 CAD、CAM 和 CAE 在可控环境下的协同、产品数据管理、数据转换、数字化实体模型和可视化都是一个补充。主要客户包括通用汽车、通用电气、福特、波音麦道、洛克希德、劳斯莱斯、普惠发动机、克莱斯勒，以及美国军方。几乎所有飞机发动机和大部分汽车发动机都采用 UG NX 进行设计，充分体现 UG NX 在高端工程领域，特别是军工领域的强大实力。UG NX 在高端领域与 CATIA 并驾齐驱。

基础知识 2   UG NX 软件界面和基本操作简介

1. UG NX 6 软件启动

启动 UG NX 6 中文版，常用的有以下两种方法。

● 双击桌面上 UG NX 6 的快捷图标，便可启动 UG NX 6 中文版。

● 执行 "开始" → "所有程序" → "UG NX 6.0" → "UG NX 6.0" 命令，启动 UG NX 6 中文版。

UG NX 6 中文版启动界面如图 1-1 所示。

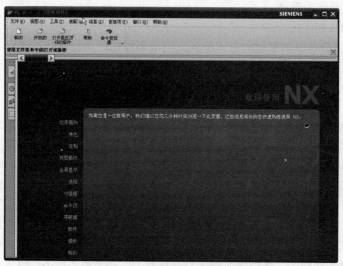

图 1-1

2. 文件操作

（1）新建文件

在 UG NX 6 开始界面，新建一个文件，其操作步骤如图 1-2 所示。

（2）打开文件

要打开文件，可以单击【标注】工具栏上的【打开】按钮，也可以执行 "文件" → "打开" 命令，进入 "开放的" 对话框，如图 1-3 所示。

在该对话框文件列表框中选择需要打开的文件，此时在 "预览" 窗口将显示所选模型。单击 ok 按钮即可将选中的文件打开。

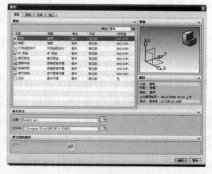

图 1-2

提示： UG NX 系列软件的文件名、整个存储路径的字符只能是ASCII码，不能出现中文字符。新建文件、打开文件和保存文件必须遵守这一规则，否则会提示出错。

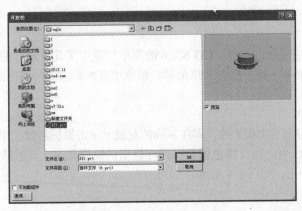

图 1-3

（3）保存文件

建模过程中，为避免意外造成文件的丢失，通常需要用户及时保存文件。UG NX 6中常用的保存方式有：直接保存；仅保存工作部件；另存为；全部保存。如图1-4所示。

（4）关闭文件

当建模完成后，一般需要保存，然后关闭文件。UG NX 6中关闭文件常用的方式有：关闭选定的部件；关闭所有文件；保存并关闭；另存为并关闭；全部保存并关闭；全部保存并退出。如图1-4所示。

3. 工作界面

新建或打开 UG NX 6，选择进入建模模块。一般设计工作都是从建模模块开始的，根据设计需要可以很方便地转换到其他模块。我们以建模模块的界面为例，来学习 UG NX 6 的工作界面。UG NX 6 的工作界面如图 1-5 所示。

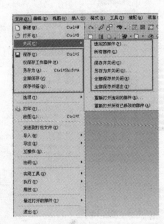

图 1-4

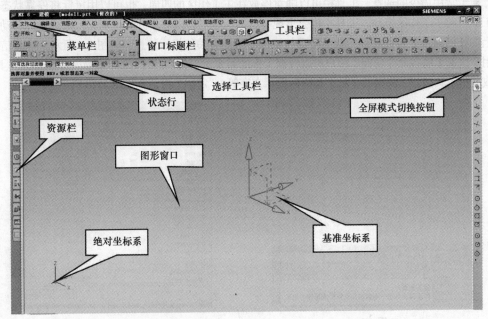

图 1-5

工作界面包括以下几个部分。

（1）菜单栏

同其他 Windows 应用软件一样，UG NX 6 的菜单栏集中了几乎所有的操作功能。显示在菜单栏上的项目称为主菜单，其下都有下拉菜单。菜单项有▶标志的，说明此菜单下还有子菜单，如图 1-6 所示。

（2）右键快捷菜单

右键快捷菜单是与上下文相关的，即在不同的对象上单击鼠标右键会出现不同的弹出菜单项目，如图 1-7 所示。UG 中比较有特色的是一种环绕型的快捷菜单，其激活方法是单击鼠标右键并按住一会儿，即可弹出，如图 1-8 所示。

图 1-6

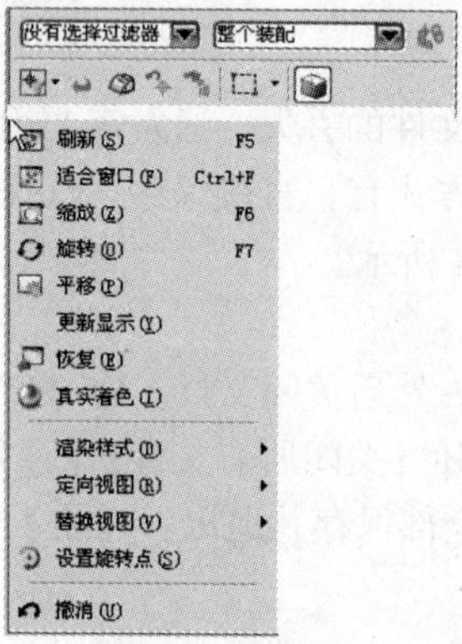

图 1-7

图 1-8

（3）工具栏

工具栏是选择菜单栏中相关命令的快捷图标的集合。快捷图标只是将一些常用的命令制作成快捷方式，便于常用命令的选择。工具栏可以随意停放在主工作区的四周，也可以用鼠标将停靠状态下的任何工具栏向主工作区拖动，工具栏将会出现自己的标题栏，以便于分类识别。将鼠标光标移动到工具栏上的任何命令处暂停片刻，就会出现与该命令功能有关的提示信息，如图 1-9 所示。这些信息可以使用户快速了解各命令功能。用户可以根据工作的需要对工具栏进行定制，例如隐藏或显示工具栏，隐藏或显示工具按钮，隐藏或显示工具图标提示文字等。"定制"对话框如图 1-10 所示。

图 1-9

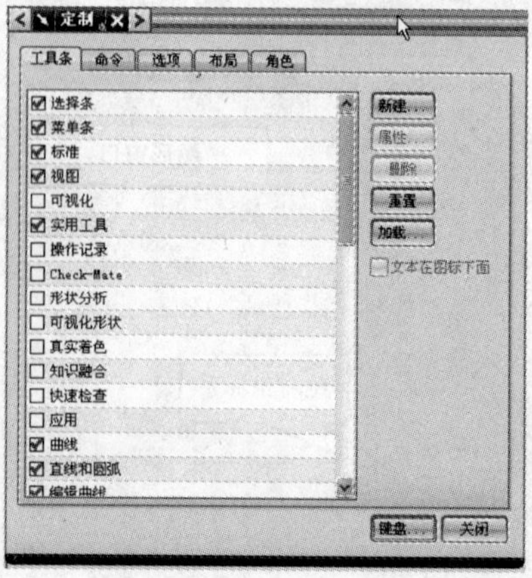

图 1-10

（4）资源栏

资源栏有多个标签。单击每个标签会弹出相应的资源面板。图1-11～图1-13所示为建模模块的资源项目。

"装配导航器"资源面板：显示和编辑装配结构，通过它可以对装配体的层次关系一目了然。

"部件导航器"资源面板：显示和编辑部件模型的特征历史记录。根据工作的顺序，导航器顺序记录操作者每一步的操作。模型导航器在一个单独的窗口中以树形结构直观地再现了工作部件间的继承关系，并可以对这些特征执行各种编辑操作。

"角色"资源面板：选择基于角色的用户界面。

图1-11　　　　　　　　　　图1-12　　　　　　　　　　图1-13

（5）选择条

使用"选择条"标识/过滤要选择的对象类型，如图1-14所示。

图1-14

（6）选项组

在执行各个命令的过程中，UG NX 6选项组都提供了反馈的向导。选项组被组织到展开和折叠的组内，用户一般从上到下操作。可以折叠不需要的选项组，如图1-15所示。

4. 鼠标的操作

在UG NX的各项操作中，鼠标的使用非常频繁，熟练掌握鼠标的操作方法就显得非常重要。UG NX 6的鼠标各键的功能和用法见表1-1。其中MB1指鼠标左键，MB2指鼠标中键，MB3指鼠标右键。

5. 键盘快捷键

使用键盘快捷键是一种快速访问命令选项的方法。常用的系统默认快捷键见表1-2。用户也可以定制或者快速更改这些快捷键设置。

图1-15

表 1-1　鼠标各键的功能和用法

鼠 标 操 作	功 能 描 述
单击 MB1	用于选择菜单命令或选择图形等
单击 MB2	相当于单击对话框当前的默认按钮，多数情况下等同于"确定"按钮
单击 MB3	显示鼠标右键快捷菜单
<Shift>+MB1	在图形窗口取消一个对象的选择，或在列表框中选取连续区域
<Ctrl>+MB1	在列表框中选择多个项目
MB2(按住拖动)	在图形窗口中旋转对象
MB2+MB3 或 <Shift>+MB2（按住拖动）	在图形窗口中平移对象
MB1+MB2 或 <Ctrl>+MB2（按住上下拖动）	在图形窗口中缩放对象
MB2 滚轮（上下滚动）	在图形窗口中缩放对象

表 1-2　键盘快捷键说明

键盘按键	功 能 说 明	键盘按键	功 能 说 明
F1	激活联机帮助（需安装）	Ctrl+J	编辑现有对象显示
F2	重命名	Ctrl+B	隐藏所选对象
F3	在对话框激活的情况下，切换显示/隐藏图形窗口动态输入框和对话框	Ctrl+Shift+B	颠倒显示与隐藏
F4	显示信息窗口	Ctrl+Shift+K	从隐藏的对象中选择要显示的对象
F5	刷新视图	Ctrl+Shift+U	全部显示
F6	激活或退出区域缩放模式	Ctrl+T	激活对象变换命令
F7	激活或退出旋转模式	Ctrl+M	进入建模应用模块
F8	调整视图到正视于所选对象，或者最近的正交视图	Ctrl+Shift+D	进入制图应用模块
Ctrl+F	适合窗口显示	A	开启或关闭【装配】工具栏
Ctrl+N	新建文件	S	进入草图生成器
Ctrl+O	打开文件	Esc	取消选择或者退出当前命令

6. 渲染方式

使用"视图"工具栏或者图形窗口的鼠标右键快捷菜单中的选项可以切换对象的渲染方式，如图 1-16 所示。各种渲染方式的说明及图解见表 1-3。

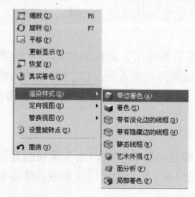

图 1-16

表1-3 渲染方式说明及图解

渲染方式	说 明	图 解	渲染方式	说 明	图 解
带边着色	着色并突出显示边线		静态线框	相框显示,看得见和看不见的线都以相同的方式显示	
着色	着色并隐藏边线		艺术外观	可以形象地显示部件的材质等外观特性	
带有淡化边的线框	线框显示,看不见的线以浅色线条显示		面分析	显示面分析的结果	
带有隐藏边的线框	线框显示,隐藏看不见的线		局部着色	对定义了局部着色的对象着色显示,其他部分则以线框显示	

7. 显示和隐藏

使用"编辑"→"显示和隐藏"子菜单中的命令,或者直接使用相应的快捷键,可以显示或者隐藏对象,如图1-17所示。

- "显示和隐藏"命令:选择"显示和隐藏"命令或者按<Ctrl+W>组合键,系统会弹出"显示和隐藏"对话框,如图1-18所示。单击某种类型右边的"+"将会显示部件中该类型的对象,单击"–"则隐藏该类型的对象。

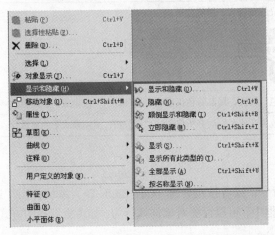

图 1-17

图 1-18

- "立即隐藏"命令:选择该命令,系统会弹出"立即隐藏"对话框,然后选择要隐藏的对象,所选对象就会立即被隐藏。此命令的快捷键是<Ctrl+Shift+I>。

- "隐藏"命令：如果已经选择了对象，选择此命令将隐藏所选对象。如果没有选择对象，选择此命令后会弹出"类选择"对话框，在选择要隐藏的对象后单击"确定"按钮完成隐藏。此命令的快捷键是<Ctrl+B>。
- "显示"命令：选择此命令将弹出"类选择"对话框，同时在图形窗口显示所有已隐藏对象供用户选择哪个对象要显示。此命令的快捷键为<Ctrl+Shift+K>。
- "显示所有此类型的"命令：选择此命令会弹出"选择方式"对话框，可以过滤选择首页具有某种相同属性的对象，并将其全部显示出来。
- "全部显示"命令：选择此命令，会将所有对象都显示出来。此命令的快捷键是<Ctrl+Shift+U>。
- "颠倒显示和隐藏"命令：选择此命令，会将当前已隐藏的对象显示出来，同时把当前显示的对象隐藏起来。此命令的快捷键为<Ctrl+Shift+B>。

图1-19

8. 编辑对象显示

使用此命令来修改现有对象的图层、颜色、字体、宽度、栅格数、透明度以及着色状态等。在有对象被选中的情况下，从菜单栏中选择"编辑"→"对象显示"命令，或者直接按<Ctrl+J>组合键，系统会弹出"编辑对象显示"对话框，如图1-19所示。如果在没有对象被选中的情况下激活该命令，则会弹出"类选择"对话框，在用户选择对象后，系统才弹出"编辑对象显示"对话框，该对话框的常用选项说明见表1-4。

表1-4 "编辑对象显示"常用选项说明

选 择 名 称		说明或者选择
基本	图层	指定放置所选对象的图层（1～256），0表示"无更改"
	颜色	更改所选择的颜色
	线型	更改曲线的线型（如实线、虚线、双点画线等）
	宽度	更改曲线的宽度。"细线宽度"为一个像素，"正常宽度"为2个像素，"粗线宽度"为3个像素
着色显示	透明度	控制穿过所选对象的光线数量，光线量越大，透明度越高 透明度为"0"　　透明度为"60"
	局部着色	设计所选择的体和面的"局部着色"属性。局部着色仅影响"局部着色"渲染模式下的显示
	面分析	将所选对象的"面分析"属性更改为开或关。面分析仅影响"面分析"渲染模式下的显示

9. 对象选择

（1）选择首选项

选择菜单栏中的"首选项"→"选择"命令，或者按组合键<Ctrl+Shift+T>，系统弹出"选择首选项"对话框，如图1-20所示。在该对话框中，可以设置对象选择行为，如多重选择的方式、对象高亮显示、快速拾取延迟或者选择球的大小。

（2）鼠标的选择

- 单击选择。用鼠标左键直接在图形窗口中单击对象来选择，可以连续选取多个对象，将其加入到选择集中。选择时注意要与选择条上的"选择过滤器"和"选择意图"配合使用。

● 成链选择。链是一种快速选择对象的方法,对线框几何体或实体边界都可以使用成链选择。直接使用鼠标成链选择方法在链的起点单击鼠标左键,成链方向为从第一个对象的中点指向靠近单击位置的端点,然后按 <Alt+Shift> 组合键并在链的终点单击鼠标。

● 取消选择。按 <Esc> 键,取消所有选择对象。注意,如果对话框处于打开状态,按 <Esc> 键还会关闭对话框。按住 <Shift> 键单击已选择的对象可取消对该对象的选择,即将其从选择集中移除。

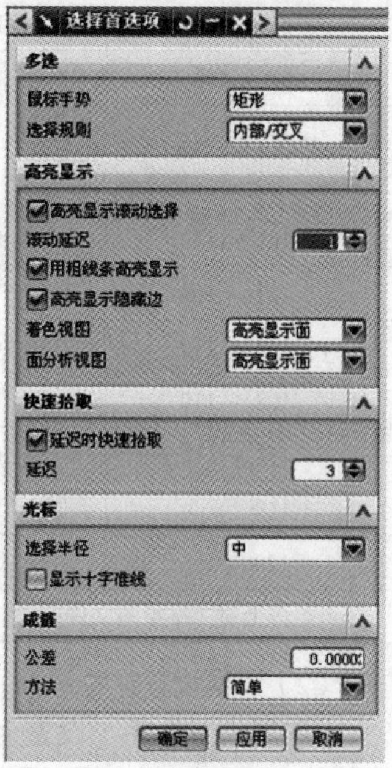

（3）快速拾取

当图形窗口中对象比较多,且在同一光标位置下有多个对象重叠在一起时,单击选择往往选不到想要的对象,这时要使用"快速拾取"对话框,如图 1-21 所示。对话框的列表中列出了在光标下方所有可选择的对象,可以很容易地在多个可选对象中选择一个对象。将光标在列表中的各项目间移动,图形窗口就会高亮显示相对应的对象。在所需项目上单击即可将该对象选取。

用以下方法可以打开"快速拾取"对话框。

● 将光标置于欲选择对象的上方并停留片刻,待光标变成"快速拾取"指示器"+…"时再单击,系统会弹出"快速拾取"对话框。

图 1-20

● 将光标置于欲选择对象的上方并按住鼠标左键,待光标变成"快速拾取"指示器"+…"时再释放鼠标左键,系统会弹出"快速拾取"对话框。

● 在欲选择对象的上方单击鼠标右键,从弹出的快捷菜单中选择 ✦ 从列表中选择...命令,系统会弹出"快速拾取"对话框。

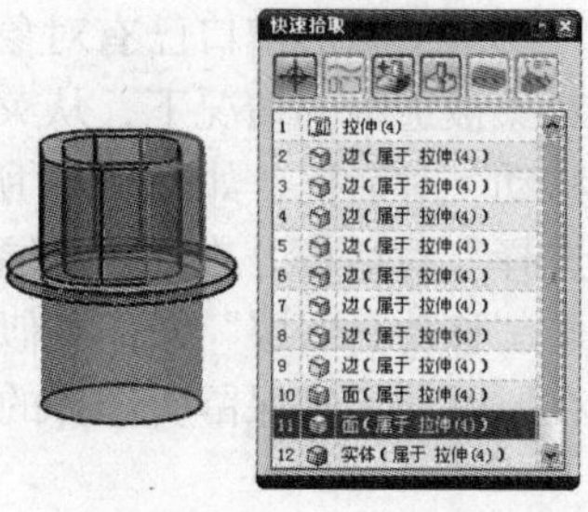

图 1-21

10. 图层操作

（1）使用图层

UG NX 部件可包含最多 256 个不同的图层。一个图层可以包含部件的所有对象,或者部件分布在任意或所有图层之间。使用图层的目的是有效而方便地组织部件中的对象。分门别类地放置不同对象在不同的层和类别中,可以方便用户对部件文件内大量数据信息进行有效管理和使用,也方便其他协作人员进行浏览。表 1-5 列出了 UGS 有关层和类别设置的部分格式,以供参考。

表 1-5 图层规划表

图 层 号	类 别	说 明
1	Part, Solid in Assembly	最终设计结果实体,用于装配
01 ~ 14	Solid Body	实体
15 ~ 20	Link Body	链接实体
21 ~ 40	Sketch	草图
41 ~ 60	Curve	曲线

（续）

图 层 号	类 别	说 明
61 ~ 80	Datum	基准面和轴
81 ~ 100	Sheet Body	片体
256	WCS	工作坐标系
以上对三维模型文件有效，其他文件不必定义		
101 ~ 120	Drafting	二维视图
101 ~ 104	View	视图
105 ~ 107	Center line	中心线
108 ~ 110	Dimension	尺寸线
111 ~ 118	Others	绘图其他部分
119	Part list	明细表
120	Border/title block	图框和标题栏
以上对二维绘图文件有效，其他文件不必定义		

（2）图层设置

"图层设置"用于设置全局图层状态。选择菜单栏中的"格式"→"图层设置"命令，或者直接按 <Ctrl+L> 组合键，系统会弹出"图层设置"对话框，如图 1-22 所示。

（3）"移动至图层"与"复制至图层"

对于图形窗口已有对象可通过"移动至图层"与"复制至图层"命令来改变图层。在有对象被选中的情况下，从菜单栏中选择"格式"→"移动至图层"命令，系统会弹出"图层移动"对话框，如图 1-23 所示。如果在没有对象被选中的情况下激活该命令，则会弹出"类选择"对话框，在用户选择对象后，系统才弹出"图层移动"对话框。"复制至图层"操作与"移动至图层"操作类似，"图层复制"对话框如图 1-24 所示；它们区别在于"复制至图层"在原图层仍然保留所选择的对象。

图 1-22

图 1-23

图 1-24

实训任务1 UG NX 6基本操作训练（一）

1. 任务目标

● 熟悉 UG 软件的界面。

● 熟悉 UG 软件的视图、布局和命令流设置操作。

● 熟悉 UG 软件的基本操作，新建文件、保存文件、关闭文件、设置显示方式、渲染方式。

● 掌握 UG 软件的图层操作。能将选定对象移动到 / 复制到指定图层，显示 / 关闭指定图层。

2. 任务分析

本实训任务要求完成新建文件、选定角色、定制软件操作界面，包括定制工具栏、设置快捷键、存储角色设置、图层设置等操作。这些操作是使用 UG NX 软件所必备的技能，能否正确进行操作直接关系到后续学习和实训任务。

UG NX 软件功能强大，指令众多，我们很难在短时间内全部掌握。从模具设计角度看，有很多指令和功能在模具设计时是用不到的，所以首先掌握好最基础、最常用的功能，在后续任务中再根据任务需要逐步掌握一些新的指令和功能不失为一种可取的方式。

3. 任务操作步骤

1）打开 UG NX 6 软件，进入软件初始界面。

新建文件，存储路径设为 "D:\UGLX\"，文件名为 :Lx01-01.prt，单击 "确定" 按钮进入 "建模" 模块，如图 1-25 所示。

2）单击资源栏上的 "角色" 标签，在出现的对话框中选择 "具有完整菜单的高级功能" 角色，如图 1-26 所示。

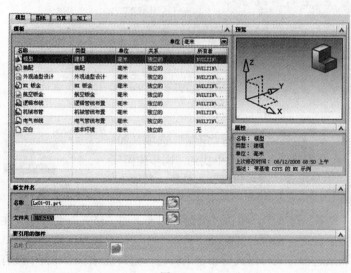

图 1-25

图 1-26

3）单击 "标准" 工具栏右侧的 "添加或删除按钮" 图标，在 "标准" 子菜单下将 "变换" "移动对象" 勾选上。选中 "文本在图标下面" 选项，观察工具栏的变化，如图 1-27 所示。同理，将 "实用工具" 中 "图层设置" "工作图层" "移动至图层" "复制至图层" 按钮添加到工具栏，如图 1-28 所示。

通过这一操作，可以定制工具栏上的显示图标和显示方式。初学者可以选择打开"文本在图标下面"选项，熟悉各个图标后再关闭该选项，以节省界面空间。

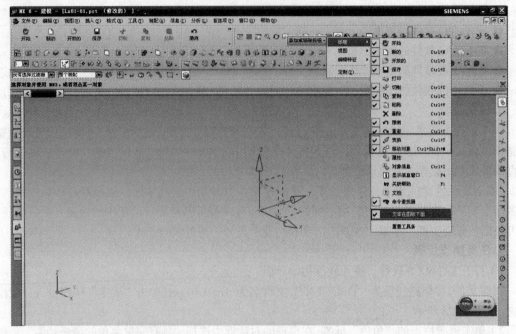

图 1-27

图 1-28

4）单击"添加或移除按钮"图标，在菜单中选择"定制"选项，如图 1-29 所示,弹出"定制"对话框。在"工具条"选项卡中找到"同步建模"选项并选中，如图 1-30 所示，工具栏中会出现"同步建模"工具栏。其他工具栏也可以根据需要进行打开或关闭。

图 1-29

5）单击"定制"对话框中的"命令"选项卡，单击"类别"列表下的"格式"菜单项，在右侧出现的"命令"列表中选择"图层设置"选项，并拖至工具栏中相应位置释放。这样在工具栏中就会出现"图层设置"图标。利用这种方式可以灵活布置工具栏，尤其是对于工具栏中没有的命令，通过上述操作可以定制个性化的工具栏，如图 1-31 所示。

6）单击"定制"对话框中的"选项"选项卡，在"工具条图标大小"选项中选择"特别小"单选按钮。然后单击"键盘…"按钮，如图 1-32 所示。

7）在弹出的"定制键盘"对话框中，在左侧"类别"列表中选中"格式"选项，然后在右侧"命令"列表中选中"移动至图层（M）"，接着在下面"按新的快捷键"文本框输入"K"，然后单击下方的"指派"按钮，如图1-33所示。这样可以指派快捷键。用同样方法将"复制至图层"指派为"L"。

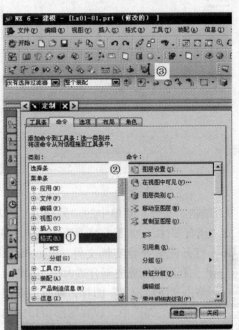

图1-30

图1-31

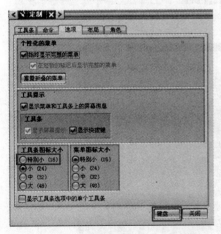

图1-32

图1-33

8）单击"角色"选项卡中的"创建"按钮，将当前工具栏设置保存，如图1-34所示。在弹出的"文件"对话框中将角色文件以"lx01.mtx"为名存储在"D:\UGLX\"目录下，如图1-35所示。最后单击"关闭"按钮,关闭对话框。将"资源条"角色改为"基本功能"，观察工具栏变化。重新打开"定制"对话框，在"角色"选项卡中单击"加载"按钮，打开刚刚存储的角色文件"lx01.mtx"，观察工具栏的变化。

通过上述操作，可以看出利用角色定制功能可以灵活定制个性化的工具栏面板和快捷键，并可以保存和重新加载。

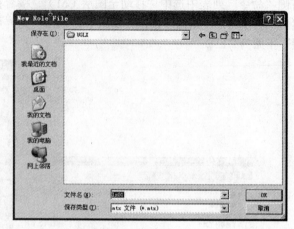

图 1-34   图 1-35

9）单击"文件"菜单中的"另存为"，以"lx01-02.prt"为文件名保存；单击"关闭"子菜单下的"所有部件"，如图 1-36 所示，返回到初始界面。

10）打开配套光盘实例文件":\ugsx\mk1-sx1\mk1-sx1-01.prt"，利用鼠标缩放至合适大小，如图 1-37 所示。

11）单击"图层设置"图标，弹出"图层设置"对话框。将所有图层都选中，观察图形窗口中出现的显示对象，如图 1-38 所示。按下鼠标中键旋转部件，观察部件三维结构，如图 1-39 所示。单击任意一个对象，在"图层设置"对话框就会显示出它所在的图层。单击"关闭"按钮退出"图层设置"对话框。

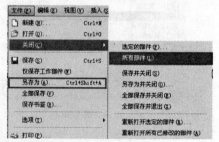

图 1-36

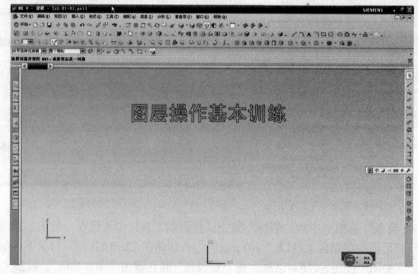

图 1-37

12）单击左侧资源栏中的"部件导航器"，在弹出的对话框中的"模型历史记录"中选中"拉伸（1）"，然后在工具栏中单击"移动至图层"图标，在弹出的"图层移动"对话框中的"目标图层或类别"中输入"21"，单击"应用"按钮完成操作，如图 1-40 所示。采用同样的操作将"拉伸（2）"

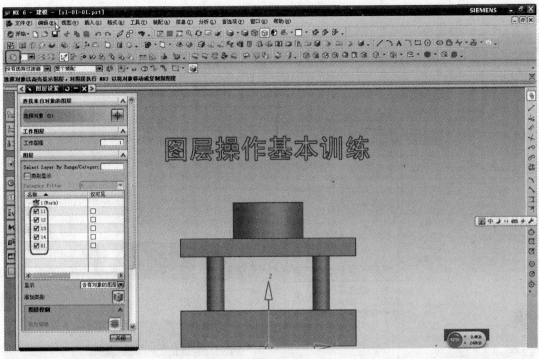

图 1-38

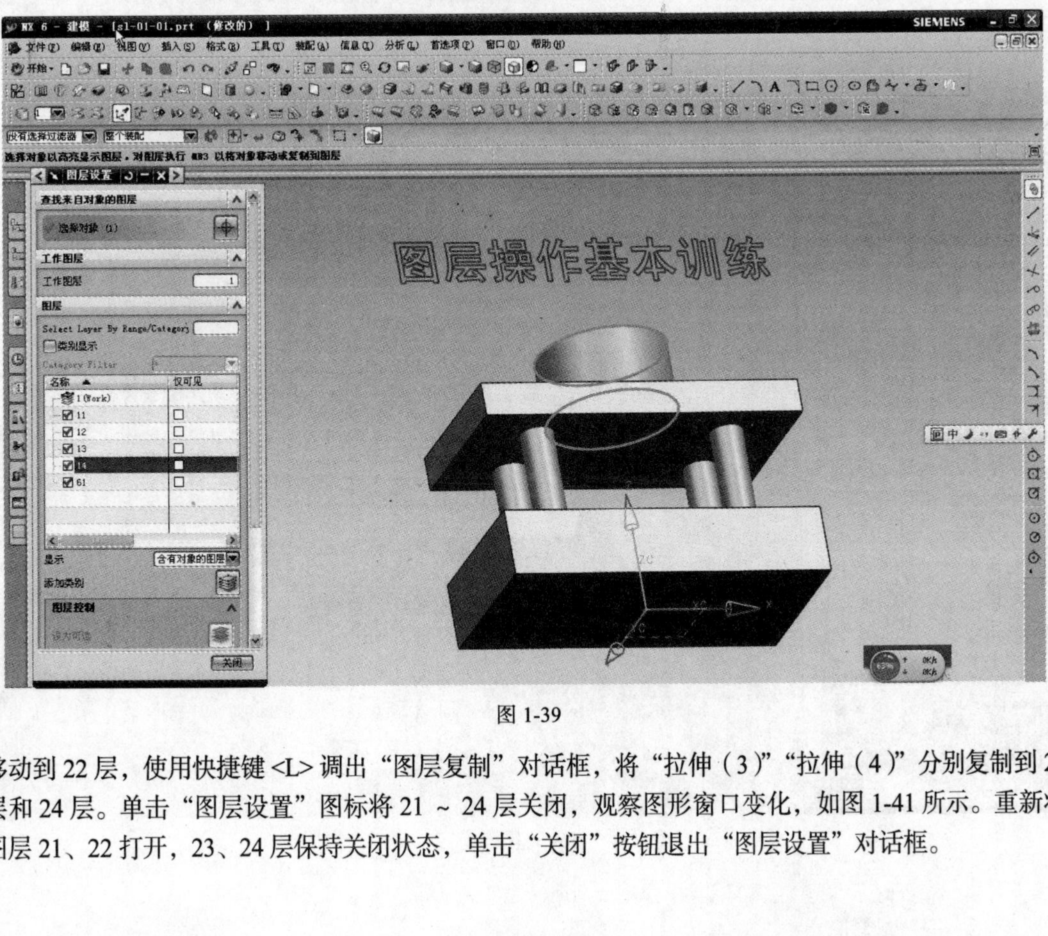

图 1-39

移动到22层，使用快捷键 <L> 调出"图层复制"对话框，将"拉伸（3）""拉伸（4）"分别复制到23层和24层。单击"图层设置"图标将 21 ~ 24 层关闭，观察图形窗口变化，如图 1-41 所示。重新将图层 21、22 打开，23、24 层保持关闭状态，单击"关闭"按钮退出"图层设置"对话框。

图 1-40

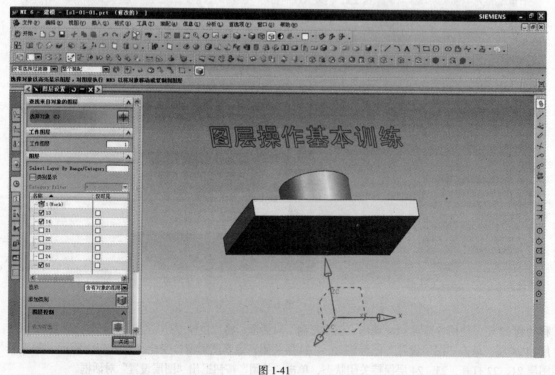

图 1-41

图 1-42

13）按 <F8> 快捷键，调整视图对正正交视图，然后单击"适合窗口"图标使视图充满窗口，如图 1-42 所示。在图形窗口单击鼠标右键，在弹出的快捷菜单中选择"定向视图"子菜单下的各个命令，对当前视图进行重新定向，观察图形窗口，如图 1-43 所示。

14）单击"编辑"菜单下的"对象显示"命令，弹出"类选择"对话框，单击"拉伸 4"，再单击"确定"按钮，弹出"编辑对象显示"对话框。在该对话框中设定颜色、透明度选择为"60"，选中"局部着色"和"面分析"两项，在"设置"中选中"应用于所有面"，如图 1-44 所示。最后单击"确定"按钮，退出"编辑对象显示"对话框。

15）在工具栏中选择渲染方式为"局部着色"，再选择为"面分析"，观察图形窗口变化，如图 1-45所示。

16）单击"文件"菜单下的"另存为"命令，以"Lx01-03.prt"为文件名存储在"D:\UGLX\"路径下。至此，本实训任务结束。

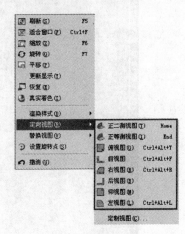

图 1-43

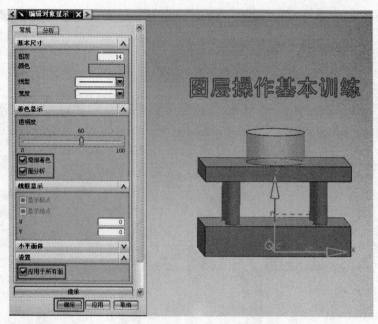

图 1-44

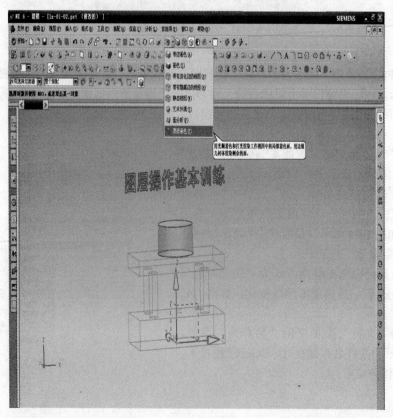

图 1-45

实训任务2　UG NX 6 基本操作训练（二）

1. 任务目标

● 熟悉 UG NX 文件导入、导出操作，掌握 UG 文本文件"*.x_t""*.stp"的导入与导出。

● 掌握视图调整方法。会缩放、旋转、平移视图，会设置旋转点。

● 掌握工作坐标系（WCS）的重定向，能根据设计需要合理设置 WCS。

● 掌握"移动""变换"指令，能准确调整部件在空间的位置。

● 学会导出视图窗口中图像的方法。

● 掌握利用"测量"工具测量距离、投影距离的步骤及方法。

2. 任务分析

本实训任务需要将 UG 三维文本文件导入到新建部件文件中。UG NX 拥有非常强大的导入、导出功能，可以导入、导出多种文件格式。这有利于企业设计人员在承接客户文件时能更好地交流和转换。目前，用于设计产品的 CAD/CAE 软件比较多，软件格式之间的兼容和转换就显得非常重要了，UG NX 与其他软件间交流最常用的文件格式就是"*.stp"格式。另外，UG NX 软件不同版本之间交流时，低版本软件是无法打开高版本软件创建的部件文件的，这时一般采用 UG 文本文件"*.x_t"进行交流。通过本实训任务，主要练习这两种格式文件的导入与导出。其他格式的文件导入、导出操作基本相同，读者可自行练习。

"移动"和"变换"指令是 UG NX 经常使用的两个指令，通过操作可掌握指令的操作要点。需要说明的是，"移动"指令对于一些含有坐标特征的对象是无法操作成功的，需要先"消除特征参数"才能移动。本例中的实体是导入的，本身不含参数，所以没有这方面的问题，可直接移动。

3. 任务操作步骤

1）启动 UG NX 软件，在目录"D:\UGLX\"下以"mk1-sx2-001"作为文件名创建新文件，如图 1-46 所示。

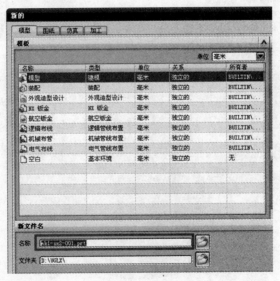

图 1-46

2）单击"文件"→"导入"→"Parasolid"进行导入操作，如图 1-47 所示。

3）在弹出的对话框中选择文件"：\ugsx\mk1-sx2\mk1-sx2-001.x_t"，如图 1-48 所示。

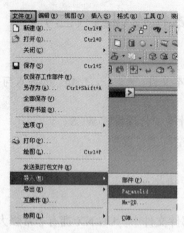

图 1-47

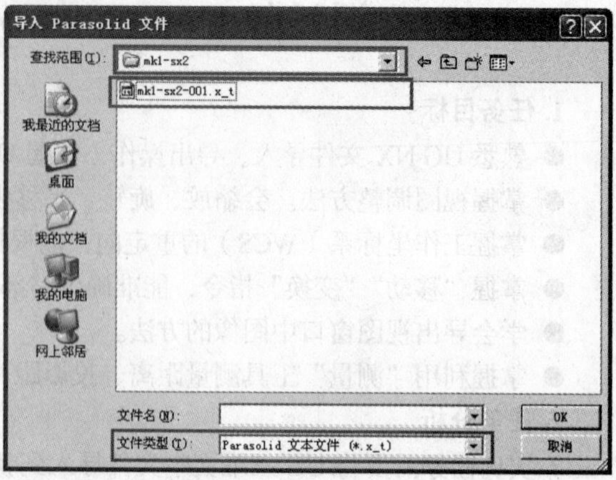

图 1-48

导入完成后如图 1-49 所示。

4）在工具栏上单击"适合窗口"按钮 ，这时系统会自动将部件缩放至窗口，以方便查看，如图 1-50 所示。

5）在视图窗口空白处单击鼠标右键，在弹出的快捷菜单中单击"设置旋转点"命令，然后在部件实体上选择合适点单击完成设置，如图 1-51 所示。

6）设置好旋转点后，按下鼠标中键并拖动鼠标，将部件翻转过来，注意图中十字标识就是刚刚设置的旋转点，如图 1-52 所示。

图 1-49

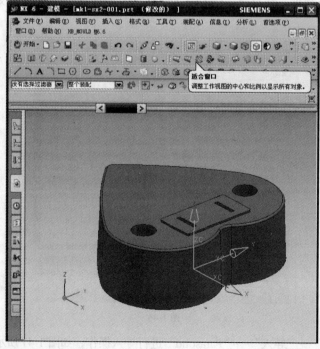

图 1-50

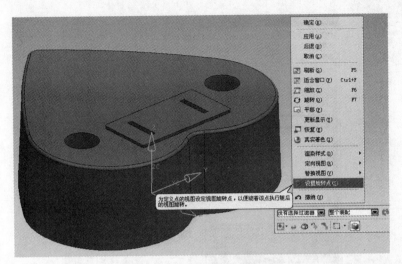

图 1-51

7）单击"WCS 方向"按钮，在弹出对话框后单击如图圆柱顶面圆心位置作为工作坐标系原点。接着将鼠标移至 ZC 轴箭头附近，当出现双向箭头提示后双击鼠标，ZC 将旋转 180°。单击"确定"按钮完成设置，如图 1-53 所示。

图 1-52

8）单击"图层设置"按钮，在对话框中单击 61 层前面的复选框，关闭 61 层，如图 1-54 所示。这样在视图窗口将不显示绝对坐标系。

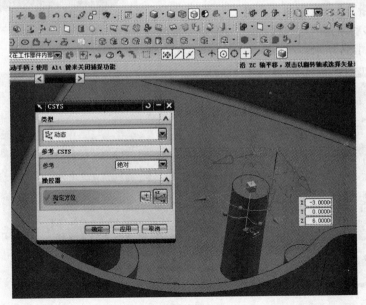

图 1-53

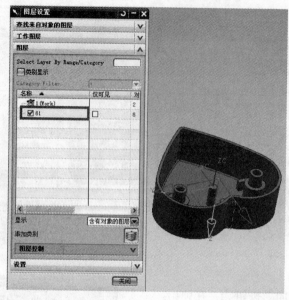

图 1-54

9）直接双击工作坐标系，坐标系将变成图 1-55
所示的编辑状态。各个控制点可以进行各坐标轴方
向平移，也包含不同平面旋转的控制点。这里单击
XC-YC 平面控制点，并设置"角度"数值为"90"，
按 <Enter> 键后坐标系绕 ZC 轴旋转 90°，如图 1-55
所示。

10）单击工具栏中的"移动"按钮，在弹出的"移
动对象"对话框中设定部件为"对象"，"运动"选择
为"距离"，"矢量"为 XC 方向，"距离"为"10"，"结
果"选定为"移动原先的"，最后单击"确定"按钮
完成移动，如图 1-56 所示。

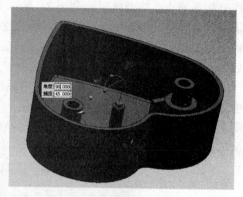

图 1-55

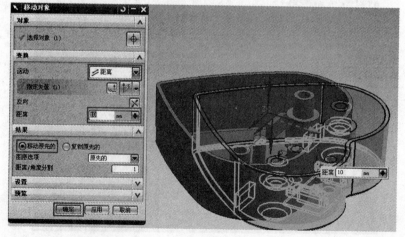

图 1-56

11）重新单击"移动"按钮 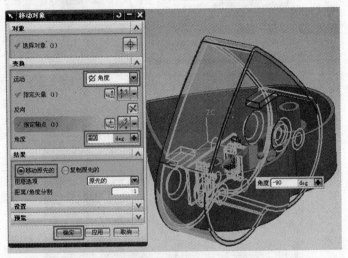，在弹出的"移动对象"对话框中设定"运动"为"角度","矢量"为 YC 轴,"指定轴点"为圆心点;"角度"设为"–90";"结果"设为"移动原先的",最后单击"确定"按钮完成旋转，如图 1-57 所示。

图 1-57

12）单击"变换"按钮 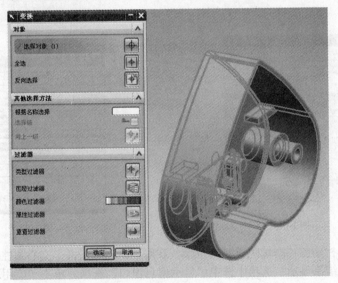，在弹出的"变换"对话框后单击部件实体。单击"确定"按钮进行下一步设置，如图 1-58 所示。

图 1-58

13）在弹出的对话框中单击"比例"按钮，如图 1-59 所示。

14）在弹出的"点"对话框中设定"坐标"为"相对于 WCS"，XC=0，YC=0，ZC=0，即工作坐标原点，如图 1-60 所示。

15）在"变换"对话框中输入"比例"为"2"，单击"确定"按钮完成设置，如图 1-61 所示。

16）在"变换"对话框中单击"移动"按钮，设置完成后关闭对话框，如图 1-62 所示。

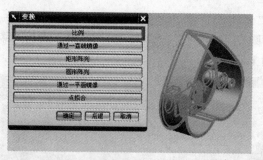

图 1-59

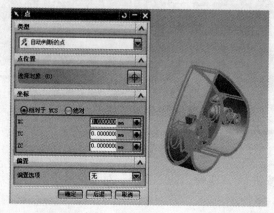

图 1-60

图 1-61

图 1-62

17）单击工具栏中的"测量距离"按钮，在对话框中单击两个空心圆柱体圆心，分别作为起点和终点。在"结果显示"选项中选中"显示信息窗口"选项。单击"应用"按钮显示测量结果为"64"mm，如图 1-63 所示。

测量结果的信息文件如图 1-64 所示，从中可以看出两点的坐标轴和各个方向的增量值。

18）在"测量距离"对话框的"类型"中选定"投影距离"。"距离"选择为"最小值"，如图 1-65所示。

19）在"测量距离"对话框中将"指定矢量"设定为 ZC 轴方向，"起点"选定为空心圆柱体的圆心，"终点"在内部选定一点即可显示"投影距离"的数值，如图 1-66 所示。

20）单击工具栏中的"基准平面"按钮，在弹出的对话框后单击圆台面，系统自动创建一个基准平面，如图 1-67 所示。

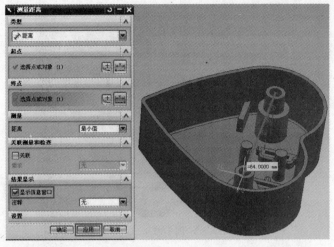

图 1-63

图 1-64

图 1-65

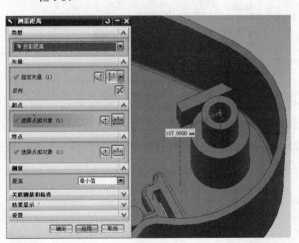

图 1-66

图 1-67

21）单击"文件"→"导出"→"JPEG"命令，导出图像文件，如图 1-68 所示。

22）在弹出的"JPEG 图像文件"对话框中设置存储路径和文件名（必须是英文字母标点或数字，不能有中文字符），选中"用白色背景"复选框。单击"确定"按钮导出图像，如图 1-69 所示。

生成的 jpg 图像文件如图 1-70 所示。

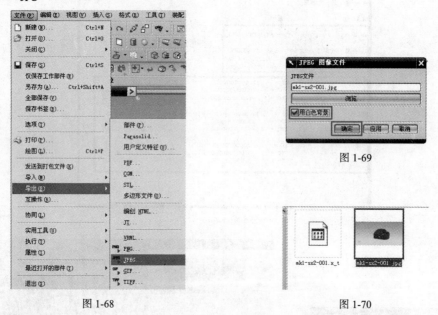

图 1-68

图 1-69

图 1-70

23）单击"文件"→"导出"→"STEP214"，将文件导出成 STP 文件格式，如图 1-71 所示。

24）设置导出路径和文件名。在弹出的对话框中单击"确定"按钮开始导出，如图 1-72 所示。

25）在导出时，系统弹出转换窗口，需要一定时间转换完成。同名保存文件，完成本实训任务，如图 1-73 所示。

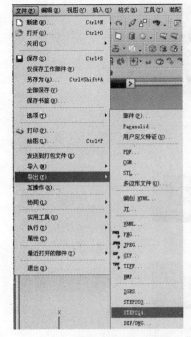

图 1-71

图 1-72

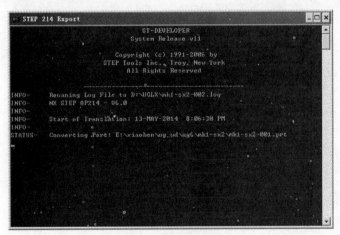

图 1-73

习 题

1. UG NX 包含哪些基本功能模块？简述各模块的功能作用。

2. 如何定制 UG NX 操作界面？

3. 打开随书光盘文件 ":\ugsx\mk1-xt\mk1-xt01.prt"，如图 1-74 所示。

1）分别设置渲染模式为静态线框、带有淡化边的线框、带有隐藏边的线框和局部着色模式。在每种渲染方式设定后，导出视图图像。

2）将工作坐标系（WCS）调整到底面中心位置。

4. 启动 UG NX 软件，新建文件后导入 ":\ugsx\mk1-xt\mk1-xt02.x_t" 文件，如图 1-75 所示。按实体文字提示将 4 个实体分别移动至指定图层。依次关闭和打开 4 个实体所在的图层。

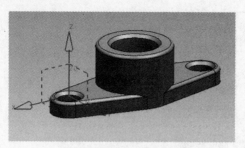

图 1-74

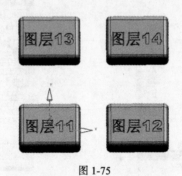

图 1-75

模块 2　使用建模法创建典型模具

模块要点

　　本模块从创建产品开始，用建模的方法绘制整套模具，模具采用比较典型的两板模。模块由下面 4 个实训任务组成。

实训任务 1	绘制产品、型芯和型腔
实训任务 2	绘制模架
实训任务 3	绘制复位杆、推杆和螺钉
实训任务 4	绘制浇注系统

模块简介

　　UG NX 建模模块功能指令众多，初学者往往难以掌握。本模块以绘制一套简单产品的模具为主线，通过 4 个任务绘制模具的大部分主要部件。通过这些实训练习，学员一方面可以尽快掌握 UG NX 常用的建模指令和操作，另一方面还可以尽快熟悉模具部件结构特点和设计要点。通过这些实例练习掌握的操作技能具有很强的实用性，对学员今后在企业一线工作是大有裨益的。

　　需要说明的是本实例仅作为实训使用，真正设计模具时，大部分标准件是不需要手工建模创建的。另外，本实例中出于对初学者的技能基础考虑，对部分结构进行了简化，有些次要部件没有创建。

实训任务 1　绘制产品、型芯和型腔

1. 任务目标

● 熟练掌握 UG NX 建模模块中的拉伸操作。
● 掌握草图曲线绘制方法。
● 掌握草图约束、尺寸约束设定方法。
● 掌握布尔运算的含义和操作方法。
● 掌握边倒圆、抽壳、修剪体等 UG 特征操作方法。
● 掌握显示编辑、图层操作、移动等 UG 基本操作。

2. 任务分析

　　实例产品是个简单几何体，但具有典型性。实训利用拉伸、边倒圆、抽壳工具绘制产品。由于产品结构简单，分型面是平面，所以就直接利用拉伸创建型芯，利用布尔求差直接创建型腔，不专门创建分型面和分型了。完成后，型芯、型腔和产品如图 2-1 所示（为了方便查看，将各部分进行了移动，实际操作不需移动）。

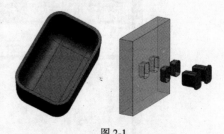

图 2-1

3. 任务操作步骤

　　1）打开 UG NX，以 "Lx-02-01" 为文件名新建文件进入建模模块。单击工具栏上的 "拉伸"

图标，弹出"拉伸"对话框。在 WCS 坐标系单击 XY 平面进入草图模式，如图 2-2 所示。

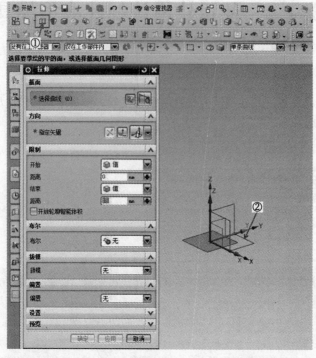

图 2-2

2）在草图模式下，绘制一个矩形，并添加约束，使矩形相邻两边都以坐标原点为中心。添加矩形的相邻两边的长为 30mm 与 20mm。单击"完成草图"，回到"拉伸"对话框，继续完成对话框设置，如图 2-3 所示。

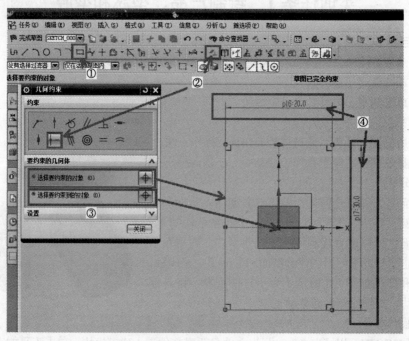

图 2-3

3）"拉伸"对话框的"方向"选项默认为 ZC 轴，"开始距离"为"0"，"结束距离"为"15"mm，"拔模"（应为"腔模"，软件中为拔膜）选择"从起始限制"，"角度"为"2"deg，其他选项为默认。单击"确定"按钮完成拉伸，如图 2-4 所示。

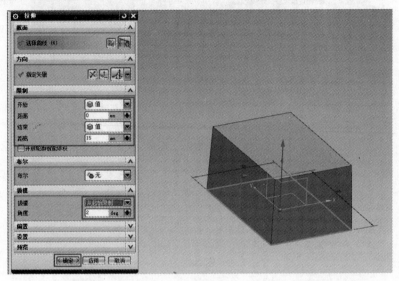

图 2-4

4）单击工具栏上的"边倒圆"图标，打开"边倒圆"对话框。在"半径"输入框中输入"5"mm，然后在图形窗口单击除底面外的其他 8 条边。单击"确定"按钮完成设置，如图 2-5 所示。

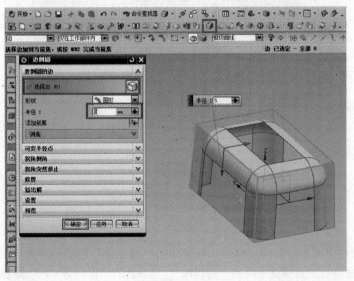

图 2-5

5）单击工具栏上的"抽壳"图标，在弹出的"抽壳"对话框中将"厚度"设为"1"mm，在"要穿透的面"选项组中，单击部件的底面。单击"确定"按钮完成设置，如图 2-6 所示。

6）再次调用"拉伸"命令，单击"选择曲线"并单击部件的底面内部边缘线（共 8 条）。在"限制"选项组中，"开始"的距离输入"-20"，"结束"的距离输入"15"，单击"确定"按钮，完成拉伸，如图 2-7 所示。

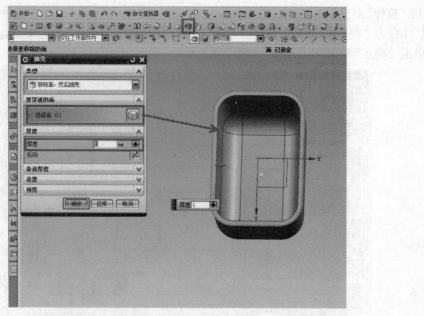

图 2-6

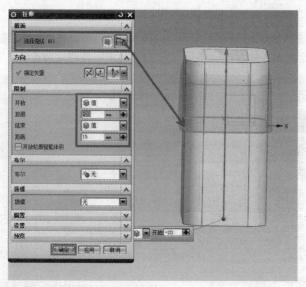

图 2-7

7）单击工具栏中的"修剪体"图标，在弹出的"修剪体"对话框中的"目标"中选择"拉伸（2）"。在选择条中把"选择面"改为"相切面"，然后选择"拉伸体（1）"外表面。单击"确定"按钮完成修剪，如图 2-8 所示。

8）单击工具栏中的布尔运算"求差"图标，"目标"选择"选择体（1）"，"工具"选择"面或平面"。在"设置"中选中"保存工具"，单击"确定"按钮完成"求差"操作，如图 2-9 所示。

9）单击"编辑"→"对象显示"命令，分别设置产品（拉伸（1））和型芯（拉伸（2））的颜色，并将产品设为"局部着色"。单击"拉伸"图标，将选择条中下拉列表选为"面的边"；"指定矢量"单击"反向"按钮，使方向指定为"ZC"轴方向；然后选择底面。设置"开始"的距离为"0"mm，"结束"的距离为"3"mm;"布尔"选择"求和","选择体"选择"拉伸(2)";在"偏置"选项中选择"单侧",在"结束"文本框中输入"3"mm。单击"确定"按钮完成型芯造型,如图2-10所示。

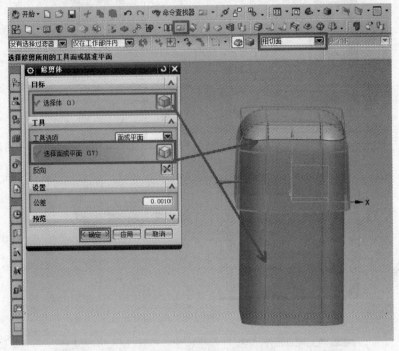

图 2-8

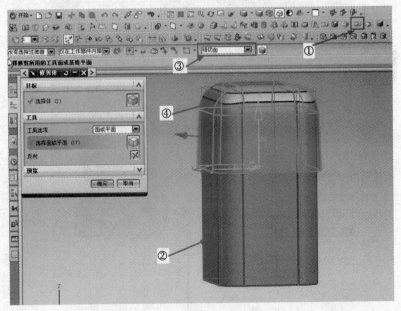

图 2-9

10)单击"编辑"→"特征"→"移除参数"命令,如图2-11所示。选择产品和型芯,在弹出的警告对话框中单击"是"按钮完成设置。

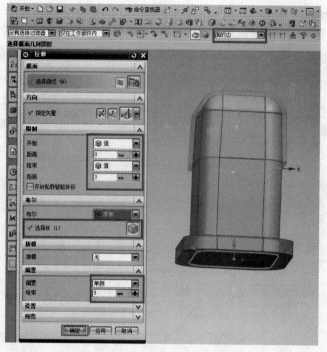

图 2-10

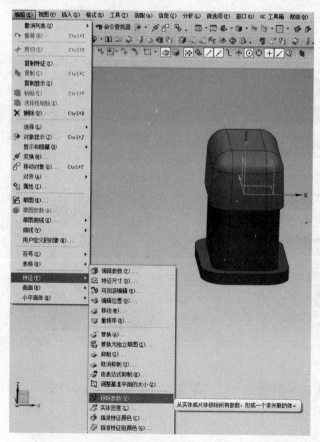

图 2-11

11）单击工具栏中的"移动"图标，弹出"移动对象"对话框，在"选择对象"中单击图形窗口两个实体，"指定矢量"选择 XC 方向，"距离"设为"20"mm。在"结果"选项组中选中"移动原先的"单选按钮，单击"确定"按钮完成移动，如图 2-12 所示。

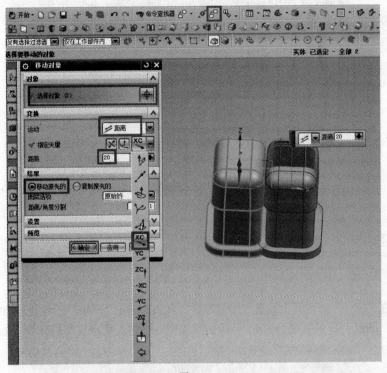

图 2-12

12）单击工具栏中的"镜像体"图标，在弹出的"镜像特征"对话框中的"选择特征"中单击产品和型芯，"镜像平面"选择 YZ 平面。单击"确定"按钮完成设置，如图 2-13 所示。

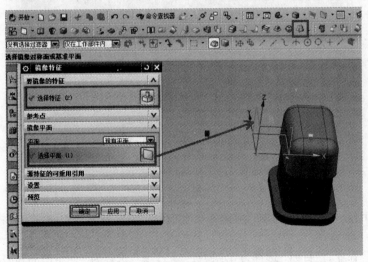

图 2-13

13）编辑"对象显示"将镜像体得到的两个实体选择"继承"设置为与原对象一致。单击"拉伸"命令，在对话框中单击"草图"，平面选择为 XY 平面。在草图模式中绘制一个矩形，添加约束为各边以坐标原点为中点对称。添加各边尺寸为 150mm，完成草图，如图 2-14 所示。

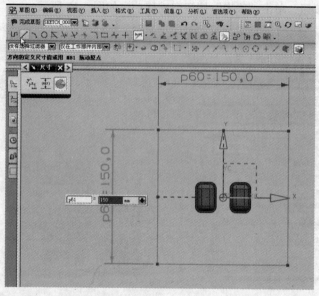

图 2-14

14）继续在"拉伸"对话框中设置"指定矢量"为 ZC 方向，"开始"距离设为"0"mm，"结束"距离设为"30"mm，"布尔"设为"无"，单击"确定"按钮，完成定模板建模，如图 2-15 所示。

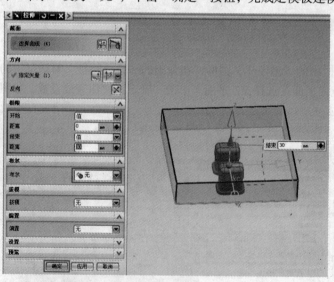

图 2-15

15）按 <Ctrl+J> 组合键，调用"对象显示"命令，设置定模板的颜色，并将透明度修改为"50"。

单击"求差"命令，"目标"选择为"定模板"，"工具"选择为"两组产品和型芯"，在"设置"中选中"保存工具"复选框。单击"确定"按钮，完成型腔部分造型，如图 2-16 所示。

16）通过上述操作，就完成了产品、型芯和型腔部分造型。最后保存文件，退出程序，如图 2-17 所示。

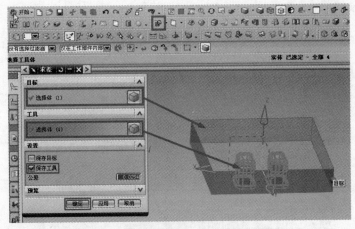

图 2-16

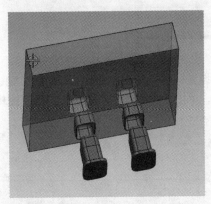

图 2-17

实训任务 2 绘制模架

1. 任务目标

● 熟练掌握 UG NX 建模模块中的拉伸操作，熟悉拉伸操作的多种操作形式。

● 掌握常用指令的快捷键操作。

● 掌握草图曲线镜像操作。

● 熟练掌握布尔运算操作。

● 掌握常用图层操作。

● 掌握 UG 常用特征操作方法。

2. 任务分析

本实训任务继续完成定模座板、动模板、支撑板、垫块、动模板、推杆固定板和推板等结构，并完成导柱、导套的绘制，如图 2-18 所示。本实训任务使用的命令与上一任务基本相同，在实训中要重点训练操作的熟练性。对于"拉伸"命令这样有着多种不同用法的命令要深入掌握操作技巧。

图 2-18

3. 任务操作步骤

1）启动 UG NX，打开文件":\ugsx\mk2-sx2-001.prt"。使用快捷键 <X>

调用"拉伸"命令，选择定模板底面，进入草图模式，如图 2-19 所示。

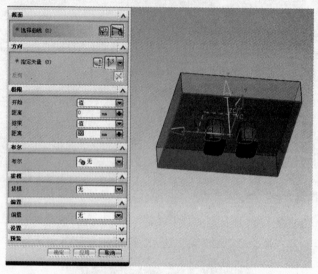

图 2-19

2）在草图模式下绘制圆，设置圆的直径为 20mm，圆心距 X 轴、Y 轴都设为 50mm。使用"镜像"命令完成 4 个导套孔草图。单击"完成草图"按钮，退出草图模式，如图 2-20 所示。

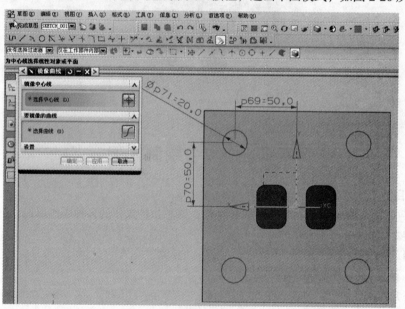

图 2-20

3）回到"拉伸"对话框，"方向"指定矢量为 ZC 方向，"极限"中的"结束"选择为"贯通"。"布尔"为"求差"，选择体为定模板，单击"确定"按钮完成，如图 2-21 所示。

4）绘制导套。按 <X> 快捷键弹出"拉伸"对话框，分别单击导套孔 4 个底边圆。指定矢量为 ZC 轴，"结束"距离设为"30"mm。"布尔"设为"无"。"偏置"设为"两侧"，"开始"距离设为"0"，"结束"距离设为"5"mm。单击"确定"按钮，完成设置，如图 2-22 所示。

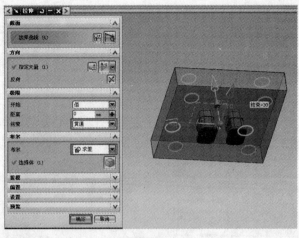

图 2-21

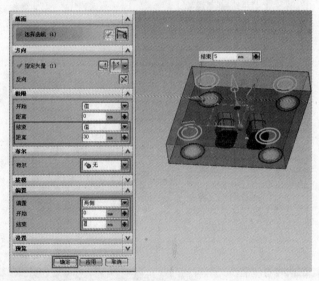

图 2-22

5）将定模板隐藏，按 <X> 快捷键弹出"拉伸"对话框，分别选择导套上表面外部边缘，"结束"距离设为"3"mm，"布尔"设为"无"，"偏置"设为"两侧"，"开始"距离设为"0"，"结束"距离设为"5"mm。单击"确定"按钮完成设置。调用"求和"命令，将每个导套已完成的两个部分分别求和，得到 4 个导套，如图 2-23 所示。

6）取消定模板隐藏，使用"求差"命令将定模板设置为"目标"，将 4 个导套设置为"工具"，进行求差运算，如图 2-24 所示。

7）按 <X> 快捷键，调出"拉伸"对话框，依次单击定模板底面的外边缘。"方向"设定为"-ZC"方向，"开始"距离设置为"0"mm，"结束"距离设置为"直到被延伸"，在"选择对象"中单击型芯下表面。"布尔"选择为"无"，单击"确定"按钮完成动模板造型，如图 2-25 所示。按 <Ctrl+J> 组合键设定动模板颜色，设置透明度为"50"。

8）按 <X> 快捷键，在"拉伸"对话框中依次选择导套内壁边缘，"指定矢量"设置为"-ZC"轴，"开始"距离设为"-25"mm，"结束"距离设置为"直到被延伸"，在"选择对象"中单击动模板下表面。"布尔"设为"无"，单击"确定"按钮完成设置，如图 2-26 所示。

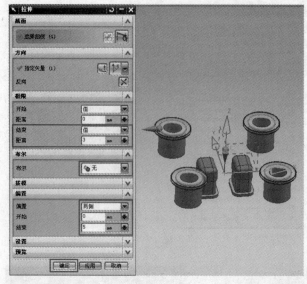

图 2-23

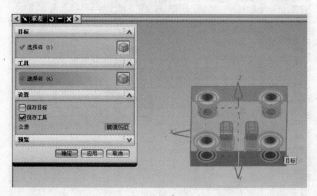

图 2-24

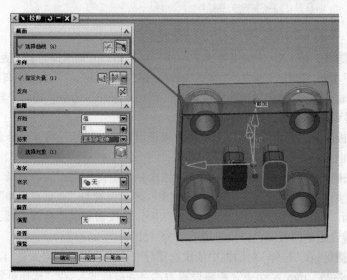

图 2-25

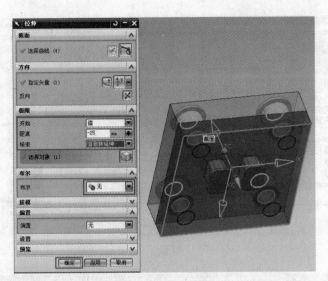

图 2-26

9）调用"移动至图层"命令，将定模板、导套移动至第 7 层，产品移动至第 5 层，动模板、导柱和型芯移动至第 8 层。调用"图层设置"命令将第 7 层关闭，如图 2-27 所示。

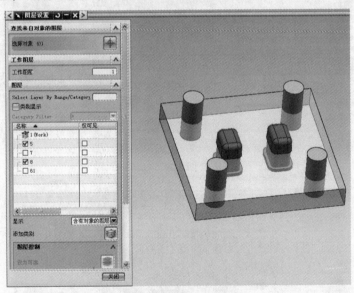

图 2-27

10）调用"边倒圆"命令，在"选择边"中选择导柱顶面外边缘，半径"Radius1"设为"3"mm，单击"应用"按钮完成设置，如图 2-28 所示。

单击"图层设置"图标，将第 7 层打开，选择导套下表面内边缘，半径设为"3"mm，进行边倒圆操作。单击"确定"按钮退出设置，如图 2-29 所示。

11）使用"拉伸"命令将 4 个导柱底面边缘沿 ZC 方向拉伸 3mm，"偏置"设为"单侧"，"结束"设为"3"mm。

再利用"求和"命令将每个导柱的两个部分分别进行求和运算，完成导柱建模，如图 2-30 所示。

利用"求差"命令完成动模板上的导柱孔和型芯插孔，如图 2-31 所示。

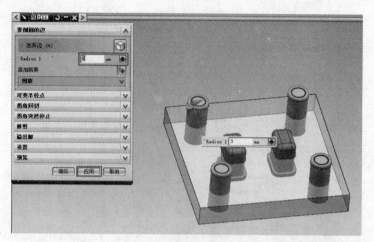

图 2-28

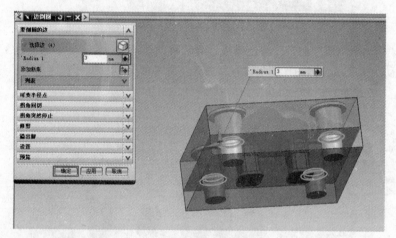

图 2-29

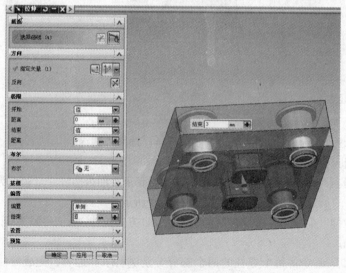

图 2-30

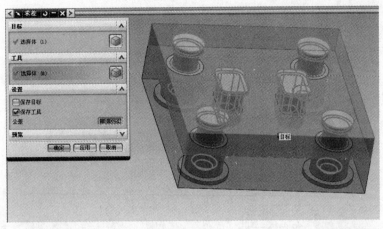

图 2-31

12）按 <X> 快捷键调出"拉伸"对话框，单击定模板上表面进入草图模式，绘制一个矩形，将矩形上下两边约束为与定模板上下边缘共线。将矩形左右两边尺寸设定为距定模板左右边缘各25mm。单击"完成草图"，设定拉伸"开始"距离为"0"mm，"结束"距离为"15"mm，完成定模板造型，如图 2-32 所示。

13）利用"拉伸"命令，选中动模板底面边缘 4 条线，"方向"设定为"-ZC"方向，"拉伸"距离为15mm，做出支撑板，如图 2-33 所示。

14）按 <X> 组合键进入"拉伸"操作，单击支撑板底面外边缘线，拉伸"结束"距离设为"60"mm，"布尔"设为"无"。"偏置"设为"两侧"，"开始"距离设为"0"mm，"结束"距离设为"–30"mm。单击"确定"按钮，完成一侧垫块建模，如图 2-34 所示。按 <Ctrl+J> 组合键设置垫块颜色。使用"镜像特征"命令，复制出另一侧垫块。

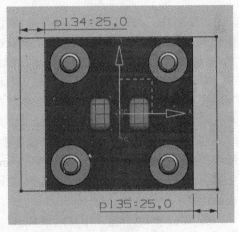

图 2-32

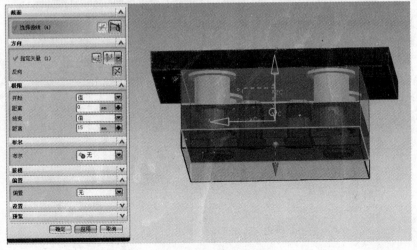

图 2-33

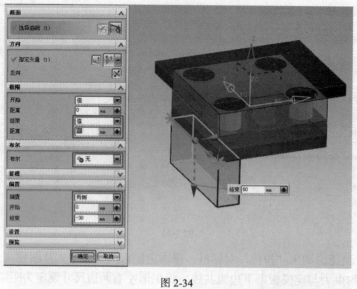

图 2-34

15）调用"拉伸"命令，选择垫块底面进入草图模式，绘制推板。上下两边与支撑板边缘共线，左右两边与垫块边缘间隙设为5mm，如图2-35所示。

单击"完成草图"，回到"拉伸"对话框。设置"开始"距离为"5"mm，"结束"距离为"15"mm，单击"应用"按钮完成推板建模，如图2-36所示。

16）继续在"拉伸"对话框中选择推板顶面边缘4条边，设置"开始"距离为"0"mm，"结束"距离为"12"mm。单击"确定"按钮完成推杆固定板的建模。

按 <Ctrl+J> 组合键调用"对象显示"命令设置好推板和推杆固定板的颜色，如图2-37所示。

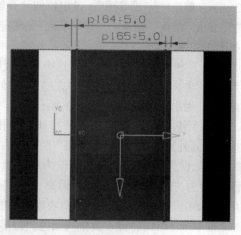

图 2-35

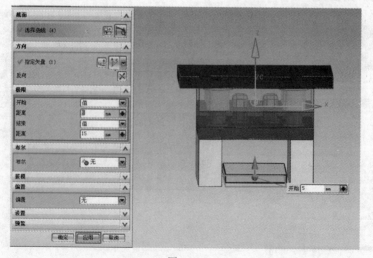

图 2-36

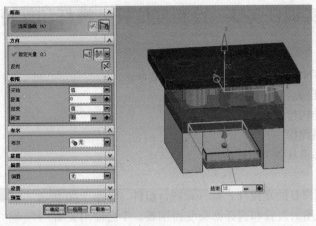

图 2-37

17）调用"拉伸"命令，单击垫块底面，进入草图模式，单击"偏置"图标，在弹出的对话框中，设置"距离"为"0" mm，单击部件最外侧边缘线，得到一个 4 条边矩形，如图 2-38 所示。单击"完成草图"回到"拉伸"对话框，设置"方向"为" -ZC"方向，"开始"距离为"0" mm，"结束"距离为"15" mm。单击"确定"按钮完成动模座板的建模。

调用"对象显示"命令设置好动模板的颜色。

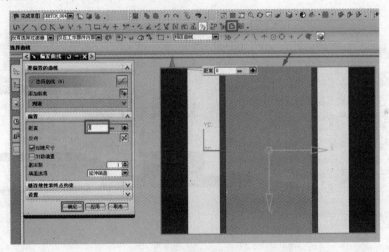

图 2-38

18）图层整理。将定模部分移动至第 7 层，动模部分移动至第 8 层。保存文件，完成本实训任务，如图 2-39 所示。

图 2-39

实训任务 3   绘制复位杆、推杆和螺钉

1. 任务目标

● 熟练掌握 UG NX 拉伸、布尔运算等常用命令。

● 能使用草图准确绘制曲线图形。

● 掌握多边形的构建方法。

● 熟练掌握图层操作。

● 通过实训熟悉模具各个组件。

2. 任务分析

本实训继续绘制模具的复位杆、推杆和螺钉组件，如图 2-40 所示。
随着组件的增多，视图的查看和选择都会变得困难。学会使用关闭/打
开图层，隐藏/显示、旋转视角等方式查看部件是必须要掌握的技能。
在组件重叠的位置，使用"快速拾取"是非常有效的方法，在实训中必
须要掌握这一操作技能。

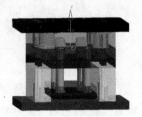

图 2-40

3. 任务操作步骤

1）启动 UG，打开 ":\ugsx\mk2-sx3\mk2-sx3-001.prt"。关闭图层 7，并隐藏动模板和支撑板。
调用"拉伸"命令，利用"快速拾取"选择推板上表面（或推杆固定板下表面），单击进入草图模
式，如图 2-41 所示。

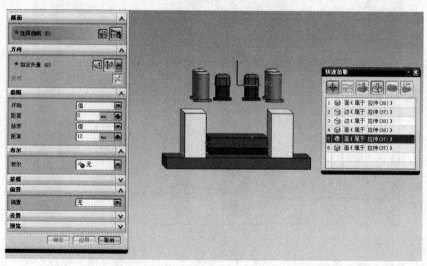

图 2-41

2）在草图模式中绘制一个圆，设置直径为"12"mm，圆心到 X 轴距离为"55"mm，到 Y
轴距离为"25"mm。单击"完成草图"回到"拉伸"对话框。设置拉伸方向为"ZC"轴方向，"开始"
距离设为"0"mm，"结束"距离设为"直到被延伸"，在"对象"中将第 7 层打开后选择定模板底面。
单击"应用"按钮完成拉伸，如图 2-42 所示。

3）隐藏推板、推杆固定板和动模座板。选择复位杆底面边缘，拉伸方向为"ZC"轴方向，"开
始"距离设为"0"mm，"结束"距离设为"3"mm。"布尔"设为"求和"，在"选择体"选择
上一步绘制的复位杆。将"偏置"设为"单侧"，"结束"距离设为"3"mm。单击"确定"按钮
完成复位杆建模，如图 2-43 所示。

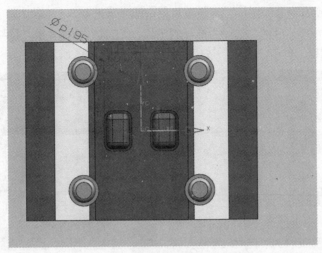

图 2-42

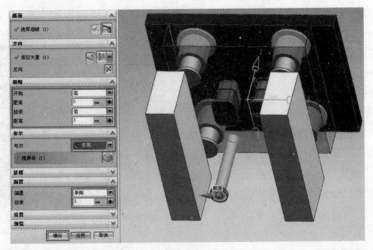

图 2-43

4）设置复位杆颜色，使用"镜像特征"命令，得到 4 个复位杆，如图 2-44 所示。

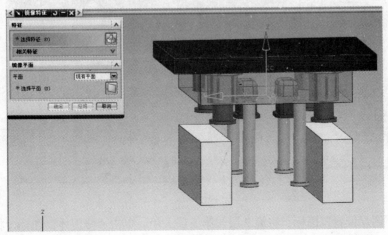

图 2-44

5）单击"显示所有对象"图标，将隐藏对象全部显示出来。

使用"求差"命令，"目标"选择为推杆固定板，"工具"选择4个复位杆。在"设置"中选中"保存工具"复选框。单击"确定"按钮完成设置，如图2-45所示。

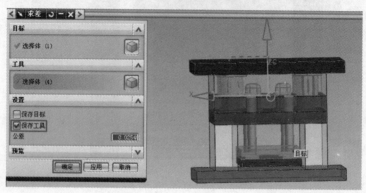

图 2-45

6）单击"拉伸"命令，选择推板顶面进入草图绘制模式，绘制如图2-46所示位置的4个直径为4mm的圆。单击"确定"按钮，回到"拉伸"对话框。设置"开始"距离为"0"mm，"结束"距离为"110"mm，单击"应用"按钮完成推杆主体建模，如图2-46所示。

7）隐藏推板和推杆固定板，在"拉伸"对话框中依次选中8根推杆的底面边缘，方向设为"ZC"方向，"结束"距离设为"2"mm，"偏置"选择为"单侧"，"结束"距离为"2"mm。单击"确定"按钮完成拉伸。分别使用"求和"命令将各个推杆主体和底托两部分合并在一起，如图2-47所示。

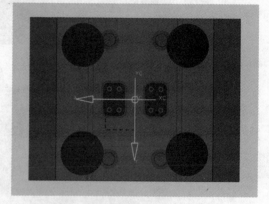

图 2-46

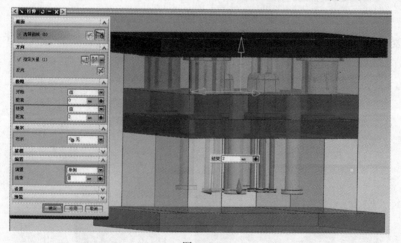

图 2-47

8）单击"图层设置"图标，将第7层与第5层关闭。单击"修剪体"图标，将其中一根推杆设为"目标体"，设置型芯表面为"工具体"。用同样方法完成其他几根推杆的修剪。通过上述操作完成推杆的建模，如图 2-48 所示。

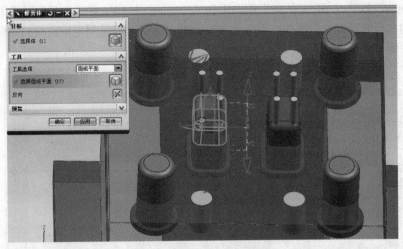

图 2-48

9）绘制动模部分的长螺钉。使用"拉伸"命令在动模座板上创建草图，绘制如图 2-49 中的 4 个对称圆，参数设置为：直径 10mm，中心距 X 轴 15mm，距 Y 轴 60mm。单击"完成草图"回到"拉伸"对话框，设置方向为"ZC"轴方向。设置"开始"距离为"0"mm，"结束"距离为"100"mm。单击"应用"完成螺杆部分建模。继续单击螺钉底部边缘，设置拉伸距离为"ZC"方向、"5"mm，"偏置"设为"单侧"、"3"mm。再分别与螺杆部分求和运算，完成长螺钉的建模，如图 2-49 所示。

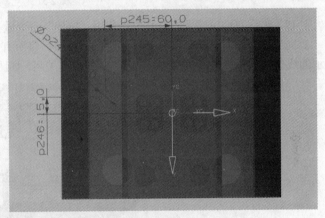

图 2-49

10）分别使用"求差"命令，对动模板、支撑板、垫块、定模座板和推板操作，做出各个杆件的固定孔，如图 2-50 所示。

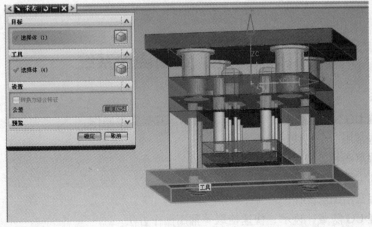

图 2-50

11）在 4 根螺钉端面以圆心为中心绘制 4 个外接圆半径为 5mm 的六边形。再使用"拉伸"命令设置方向为"ZC"方向，"结束"距离设为"3"mm。拉伸结束后，再分别使用"求差"命令得到 4 根内六角的螺钉，如图 2-51 所示。使用同样的方式可以绘制定模座板和动模座板以及推板上其他的短螺钉，这里就不一一演示了。

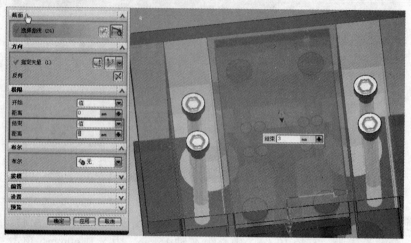

图 2-51

12）最后在动模座板的中心位置利用"拉伸"命令做一个直径为 25mm 的顶出孔。

完成后，将所有动模部分部件移动至第 8 层，将所有定模部分部件移至第 7 层。不再需要显示的线条等对象移至第 99 层（垃圾层），并将其关闭，如图 2-52 所示。同名保存，完成本次实训。

图 2-52

实训任务 4　绘制浇注系统

1. 任务目标

- 熟练掌握 UG NX 建模模块中的拉伸、布尔运算等常用操作。
- 熟练掌握常用命令的快捷键操作。
- 熟练掌握草图相关操作。
- 掌握球体、管道等建模方法。
- 熟练掌握常用图层操作。
- 熟练掌握 UG 隐藏、显示、快速拾取等常用操作方法。

2. 任务分析

本实训任务继续完成定位圈、主流道衬套、拉料杆等结构的创建，并完成主流道、分流道、冷料穴、浇口等腔体的创建，如图 2-53 所示。本实训任务要重点训练操作的熟练性，对新学命令与常用命令的新功能应用要重点掌握。比如本实训任务中拉料杆的修剪就要使用"拉伸"命令创建出一个片体，再用片体修剪拉料杆。在这个模块实训任务中，"拉伸"是最常用的操作命令。巧妙利用"拉伸"可以实现设计的事半功倍的效果。

图 2-53

3. 任务操作步骤

1）打开实训任务文件"mk2-sx4-001.prt"，使用"拉伸"命令，选择定模座板上表面创建草图。在草图模式中，以坐标原点为圆心作一个直径为 60mm 的圆。在"拉伸"对话框中设置"开始"距离为"-3"mm，"结束"距离为"5"mm；"布尔"设为"无"。"偏置"选择"两侧"，"开始"设为"-20"mm，"结束"距离设为"0"mm。单击"确定"按钮完成定位圈的整体轮廓，如图 2-54 所示。

图 2-54

2）选择"倒斜角"命令，选中定位圈上表面内侧边缘。在弹出的"倒斜角"对话框中，"横截面"选择"非对称"；"距离 1"设为"15"mm，"距离 2"设为"5"mm（注意如果反了，单击"反向"按钮进行调换）。

单击"确定"按钮完成定位圈的建模，如图 2-55 所示。

3）使用"拉伸"命令，选中定位圈内侧下边缘，"方向"设定为"-ZC"轴方向；"开始"距离设为"-1"mm，"结束"距离设为"12"mm；"偏置"选择"单侧"，"结束"距离设为"2"mm。单击"应用"按钮完成主流道衬套上半部分的建模，如图 2-56 所示。使用"求差"工具，以上一步拉伸所得实体为"目标体"，选择定位圈为"工具体"进行求差。

4）继续使用"拉伸"命令，选中步骤 3）完成的拉伸实体的下边缘，"方向"仍然设置为"-ZC"轴方向；"开始"距离设为"0"mm，"结束"距离设为"35"mm；"布尔"设为"求和"，"选择体"选中主流道衬套上半部分；"偏置"设为"单侧"，"结束"距离设为"-6"mm。单击"确定"按钮完成主流道衬套建模，如图 2-57 所示。

图 2-55

图 2-56

图 2-57

5）选择"直线"命令，"起点"选择为主流道衬套上表面圆心。"终点选项"选择为"ZC"轴。"极限"选项组下"起始限制距离"设为"0"mm，"终止限制距离"设为"20"mm。单击"确定"按钮完成设置，如图 2-58 所示。

图 2-58

6）选择"球体"命令，"中心点"选择为上一步创建直线的上面的端点，"直径"设为"42.5"mm；"布尔"设为"求差"，"选择体"选择主流道衬套。单击"确定"按钮完成主流道衬套建模，如图 2-59 所示。

图 2-59

7）选择"拉伸"命令，选择主流道衬套上表面创建草图，进入草图绘制模式，如图 2-60 所示。

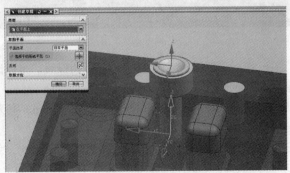

图 2-60

8）在草图模式中，绘制一个以坐标原点为圆心，直径为2mm的圆。回到"拉伸"对话框，设置拉伸方向为"–ZC"轴方向，"开始"距离设为"0"mm，"结束"距离设为"直到被延伸"，选择对象为主流道衬套的底面。"拔模"设为"从起始限制"，"角度"设为"–2"deg；单击"确定"按钮完成拉伸，如图2-61所示。

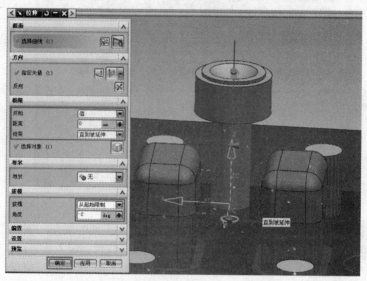

图 2-61

9）隐藏主流道衬套，选择"圆柱"命令。在弹出的"圆柱"对话框中，"轴矢量"设为"XC"轴方向，"指定点"选择为原点。"直径"设为"4"mm，"高度"设为"9"mm。"布尔"设为"无"；单击"确定"按钮完成设置，如图2-62所示。

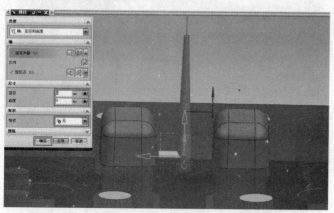

图 2-62

10）选择"边倒圆"命令，选择步骤9）中圆柱体左侧端面边缘线。半径设置为2mm。单击"确定"按钮完成设置，如图2-63所示。

11）选择"拉伸"命令，选择XZ平面创建草图，绘制长为2mm、宽为1mm、底边与XC轴重合的长方形，如图2-64所示。

12）完成草图后，在"拉伸"对话框中设置"开始"距离为"0"mm，"结束"距离设置为"直到被延伸"，选择对象为产品外表面。"布尔"选择为"求和"，"选择体"为上一步拉伸体。单击"确定"按钮完成一侧分流道建模，如图2-65所示。使用"镜像特征"命令得到另一侧分流道。

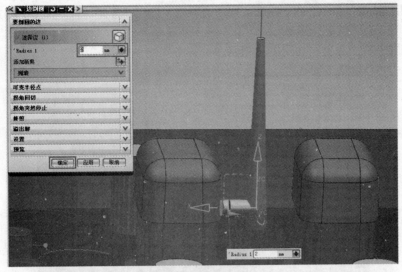

图 2-63

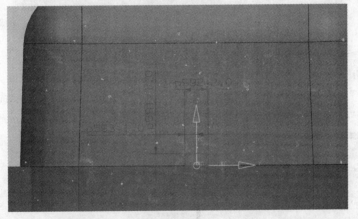

图 2-64

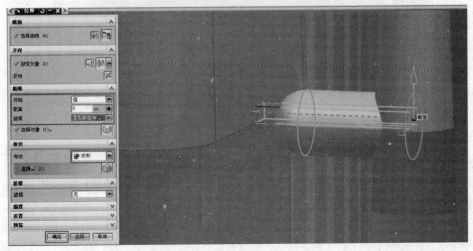

图 2-65

13）使用"拉伸"命令，选中主流道底面边缘线，设定"方向"为"－ZC"轴方向；"开始"距离设为"0"mm，"结束"距离设为"15"mm；"布尔"选择"求和"，"选择体"为主流道；单击"确定"按钮完成拉伸，如图2-66所示。

图2-66

14）继续使用"拉伸"命令，选中步骤13）拉伸体底面边缘，"开始"距离设为"－3"mm，"结束"距离选择为"直到被延伸"，选择对象为推板上表面。单击"确定"按钮完成拉伸，如图2-67所示。再次使用"拉伸"命令完成拉料杆底托部分，参数设置：拉伸高度3mm，单侧偏置2mm。

图2-67

15）利用"拉伸"命令，选择XZ平面进入草图模式绘制Z形折线。设置"拉伸体"类型为"片体"，拉伸距离"开始"为"－10"mm，"结束"为"10"mm，得到片体，如图2-68所示。

16）使用"修剪体"命令，选择拉料杆为"目标体"，步骤15）得到的片体为"工具体"，完成对拉料杆的修剪，如图2-69所示。

17）利用"求差"命令对各个板、主流道衬套等进行求差运算。重新整理图层，定模部分一律放在第7层，动模部分一律放在第8层，产品放在第5层，主流道、分流道、冷料穴放在第9层，无用线条放在第99层，如图2-70所示。

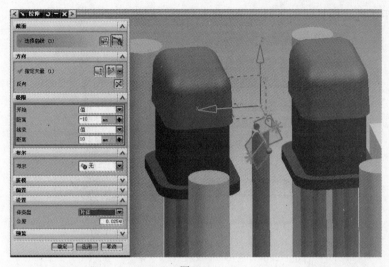

图 2-68

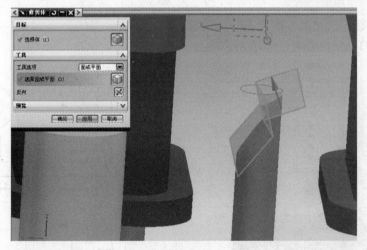

图 2-69

图 2-70

18）完成后的整套模具如图 2-71 所示。同名保存，完成本实训任务。

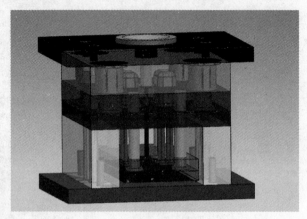

图 2-71

习　题

1. 使用 UG 软件，完成图 2-72 所示部件的建模。
2. 按如图 2-73 所示的图样完成部件的建模。

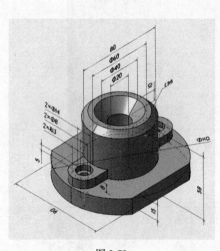

图 2-72

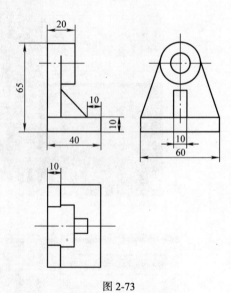

图 2-73

模块 3　UG NX Mold Wizard 基础知识

模块要点

本模块主要学习 UG NX Mold Wizard（注射模向导，以下简称 MW）各项功能操作和整个模具设计流程。在学习两个基础知识任务的基础上完成一个简单实例的 MW 分模任务。

基础知识 1　注射模设计基础知识

基础知识 2　UG NX Mold Wizard 简介

实训任务　UG NX Mold Wizard 分模实训

模块简介

UG NX 软件在模具设计方面的强大功能主要体现在注射模向导模块的自动化、集成化的功能设置上。本模块主要熟悉模具设计流程和 UG NX 注射模向导设计流程和操作要点。由于注射模向导模块涉及的操作较多，直接进行实训任务困难太大，因此在本模块中先学习两个基础知识模块内容。掌握基础知识后再进行一个简单产品的 WM 分模实训。UG 注射模向导模块是采用装配结构创建文件结构的，在资源栏的装配管理器中能够查看整个装配结构。UG 注射模向导模块是一个独立模块，在安装 UG NX 软件时必须单独安装，否则很多操作无法进行。

基础知识 1　注射模设计基础知识

一、注射成型的工作原理及注射模结构

1. 注射成型的工作原理

注射成型又称注塑成型，是使热塑性或热固性塑料颗粒先在加热料筒中均匀塑化，然后由柱塞或移动螺杆推挤到闭合模具型腔中成型的方法。

利用塑料的可挤压性和可塑性，将塑料粒料或粉料从注射机的料斗送入高温的机筒内加热融化，使之成为黏流态熔体；然后用柱塞或螺杆压缩并推动塑料熔体向前移动，使熔体以最大的流速通过机筒前的喷嘴，并以最快的速度注射入温度较低的闭合模具型腔内；经过一段时间的保压冷却成型时间后，开启模具可从模腔中脱出具有一定形状和尺寸的塑料制品。这个过程经注射成型机和注射模具来实现，注射成型原理如图 3-1 所示。

2. 注射模具的基本结构

模具按结构一般分为两板模（单分型面注射模）、三板模（双分型面注射模）和热流道 3 种。我们以两板模为例介绍一下注射模的基本结构，如图 3-2 所示是典型两板模的结构图。

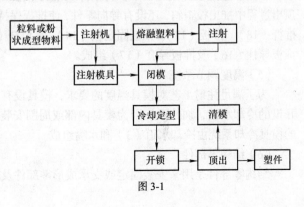

图 3-1

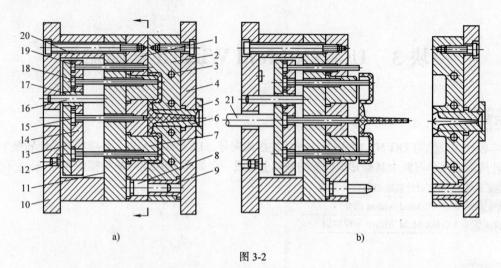

图 3-2

1—动模板　2—定模板　3—冷却水道　4—定模座板　5—定位圈　6—浇口套　7—型芯　8—导柱　9—导套

10—动模座板　11—支承板　12—支承钉　13—推板　14—推板固定板　15—主流道拉料杆　16—推板导柱

17—推板导套　18—推杆　19—复位杆　20—垫块　21—注射机顶杆

一般可将注射模分为以下几个基本组成部分。

（1）成形部件

模具中用于成形塑料制件的空腔部分称为模腔。构成塑料模具模腔的零件统称为成形零部件。由于模腔是直接成形塑料制件的部分，因此模腔的形状应与塑件的形状一致，模腔一般由型腔零件、型芯组成。如图 3-2 所示的模具型腔是由型腔(定模板（2）)、型芯（7）、动模板（1）和推杆（18）组成的。

（2）浇注系统

将塑料由注射机喷嘴引向型腔的流道称为浇注系统。浇注系统分主流道、分流道、浇口、冷料穴 4 个部分。如图 3-2 所示的模具浇注系统是由浇口套（6）、主流道拉料杆（15）和定模板（2）上的流道组成的。

（3）导向机构

为确保动模与定模合模时准确对中而设导向零件。通常有导向柱、导向孔，或在动模板、定模上分别设置互相吻合的内外锥面。如图 3-2 所示的模具导向系统由导柱（8）和导套（9）组成。

（4）推出装置

推出装置是在开模过程中，将塑件从模具中推出的装置。有的注射模的推出装置为避免在顶出过程中推出板歪斜，还设有导向零件，使推板保持水平运动。如图 3-2 所示的模具推出装置由推杆（18）、推板（13）、推板固定板（14）、复位杆（19）、主流道拉料杆（15）、支承钉（12）、推板导柱（16）及推板导套（17）组成。

（5）温度调节系统

为了满足注射工艺对模具温度的要求，模具设有冷却或加热系统。冷却系统一般为在模具内开设的冷却水道，加热系统则为模具内部或周围安装的加热元件，如电加热元件。如图 3-2 所示的模具冷却系统由冷却水道（3）和水嘴组成。

（6）结构零部件

结构零部件是用来安装固定或支承成形零部件及前述的各部分机构的零件。支承零部件组装在一起，可以构成注射模具的基本骨架。如图3-2所示的模具结构零部件由定模座板（4）、动模座板（10）、垫块（20）和支承板（11）组成。

二、模具设计流程

模具设计是一项技术含量很高的工作，不仅要求设计人员具备相当的理论知识基础和丰富的实践经验，而且要求他们养成认真细致的工作习惯。如果按照设计流程来展开工作，一定会减少不必要的技术失误，进而对提高设计工作效率，缩短整个模具周期，降低生产成本产生积极的影响。一套好的模具首先需要高水平的设计。评价一套模具的优劣，涉及多项指标，包括模具加工的工艺性、注射成型的精度、模具的制造成本高低、模具的无故障运行周期和使用寿命、后期保养维护等多个方面。注射模具设计的一般流程如下：

1. 注射成型制品的分析

了解塑件的用途，分析其工艺性、尺寸精度等技术要求。如塑件的形状、颜色、透明度、使用性能、几何结构、斜度、有无嵌件等；熔接痕、收缩等成型缺陷的许可程度；有无涂装、电镀、胶接、机械加工等后加工工序。对塑件图中精度要求最高的尺寸进行分析，估计成型公差是否低于塑件的公差，可否成型出合乎要求的塑件来。此外，还要了解塑料的塑化及成型工艺参数。

2. 注射机的技术规范分析

了解要采用的注射机的注射量、锁模压力、注射压力、模具安装形式及尺寸、顶出装置及尺寸、喷嘴孔直径及喷嘴球面半径、主流道浇口套定位圈尺寸、模具最大厚度和最小厚度、模板行程等。初步估计模具外形尺寸，判断模具能否在所选的注射机上安装和使用。

3. 模具结构设计

1）型腔布置。根据塑件的特点，考虑设备条件，决定型腔数量和分布形式。

2）确定分型面。确定分型面的位置要有利于模具加工、排气、脱模及成型操作，有利于保证塑件的表面质量。

3）确定浇注系统。即设计主流道、分流道和确定浇口的形式、位置、大小。

4）排气系统。根据模具结构特点，设计合理的排气方法、确定排气位置及排气道的尺寸。

5）选择顶出方式。根据塑件的特点合理选择顶杆、顶管、顶板、组合式顶出等顶出方式。

6）决定侧凹处理方法，即抽芯方式。

7）决定冷却、加热方式及加热冷却沟槽的形状、位置、加热元件的设计或选用及安装部位。

8）确定模具材料。通过进行强度计算或查阅经验数据，确定模具各部分厚度及外形尺寸、结构及所有连接、定位、导向件位置。

9）确定主要成型零件的结构形式。

10）计算成型零件的工作尺寸。

4. 注射模具的相关计算

1）型腔、型芯工作尺寸的计算。

2）型腔壁厚、底板厚度的确定。

3）模具加热、冷却系统的有关计算。

5. 绘制模具图

（1）绘制模具总装图

模具总装图包括如下内容：模具成型部分结构；浇注系统、排气系统的结构形式；分型面及脱模方式；外形结构及所有联接件、定位件、导向件的位置；模具的总体尺寸，即长、宽、闭合高度；按顺序编出全部零件序号，并填写明细表；标注技术要求和使用说明；塑件图。

（2）绘制全部零件图

一般来说，由总装图拆绘零件图的顺序为：先内后外；先复杂后简单；先成型零件，后结构零件。图样表达的各种信息要完整、准确，原则上按比例绘制，视图选择要合理，投影正确，使加工者容易看懂，给装配人员提供尽量准确有用的信息，零件图尽可能与装配图一致；标注尺寸要统一、集中、有序、完整。尺寸标注时应按照先主要零件尺寸和脱模斜度，再配合尺寸，最后其他尺寸的顺序；其他内容，如零件名称、模具图号、材料牌号、热处理和硬度要求、表面处理、图形比例、自由尺寸精度等级、技术要求等均要填写完整；校对、审图，校对的内容包括：复算主要零件、成型零件尺寸和配合尺寸；检查总装图上有无遗漏零件，总装图与零件图有无矛盾；检查零件图有无尺寸遗漏；材料、热处理等要求是否恰当。

6. 模具设计的标准化

一副模具从设计到制造完成的时间过去需要3个月左右的时间，目前最短也需要一个半月到两个月，其制造工时从几百小时到几万个小时不等，如何设法减少繁重的设计和制造工作量，缩短生产准备时间，以降低制造成本，最大限度地推行标准化设计是实现上述目的的有效途径。标准化工作的内容包括以下几个方面：

1）模具整体结构标准化。根据生产设备的规格，定出若干种标准结构和外形尺寸，在设计模具时，仅绘制部分零件图，标准部分可以预先制造，这样一来可以大大缩短设计和制造周期。

2）常用模具零件标准化。凡是能够标准化的模具零件和部件，应尽量标准化，使模具零件具有一定的互换性。

3）模架的标准化。对于生产批量小、品种多、形状简单、生产急用的模具，尽量采用标准模架，不仅缩短设计和制造周期，而且能够降低成本。

基础知识 2　UG NX Mold Wizard 简介

Mold Wizard 是 UG NX 系列软件中用于注射模具自动化设计的专业应用模块。它专注于注射模设计过程的向导，使从零件的装载、布局、分型、模架的设计、浇注系统的设计到模具系统制图的整个设计过程非常直观和快捷，使模具设计人员专注于与零件特点相关的设计，而无须过多关注烦琐的模式化的设计过程。它的最终结果是创建出与产品参数全相关的三维模具，产品参数的改变会反馈到模具设计中，Mold Wizard 将自动更新相关的模具部件，大大提高模具设计师的工作效率。

注射模向导模块的设计流程如图3-3所示。

1. 产品模型准备，调用注射模向导模块（Mold Wizard）

用于模具设计的产品三维模型文件有多种文件格式，UG NX 模具向导模块（Mold Wizard）需要一个 UG 文件格式的三维产品实体模型作为模具设计的原始模型，如果一个模型不是 UG 文件格式的，则需用 UG 软件将文件转换成 UG 格式文件。UG NX 中提供了多种主流三维模型文件格式转换成 UG NX 部件文件的工具。一般情况下，必须对转换后的文件进行仔细检查和分析，要查看好是否存在破面等缺陷，以免在分型环节出现错误。正确的三维实体模型有利于 UG NX 模具向导模块（Mold Wizard）自动进行模具设计。

启动注塑模向导模块：启动 UG NX 后，单击"标准"工具上的下拉式菜单"开始"，选择"开始"→"所有应用模块""注塑模向导"，如图3-4所示。进入模具向导应用模块，出现"注塑模向导"工具条，如图3-5所示。

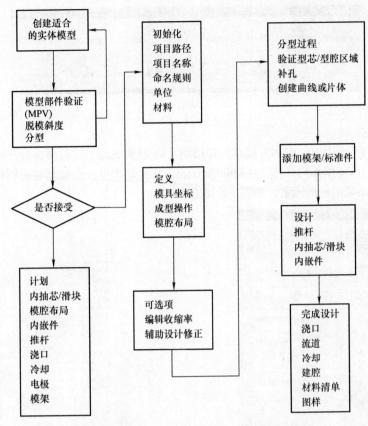

图 3-3

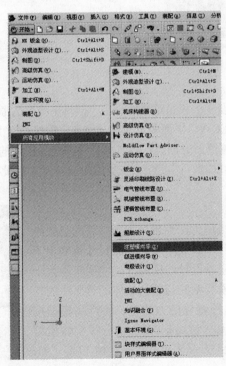

图 3-4

图 3-5

2. 初始化项目

"初始化项目"是使用 UG NX 模具向导模块（Mold Wizard）进行模具设计的第一步。产品成功装载后，UG NX 模具向导模块（Mold Wizard）将自动产生一个模具装配结构，该装配结构包括构成模具所必需的标准元素，如图 3-6 和图 3-7 所示。

图 3-6

图 3-7

3. 设置模具坐标系

设置模具坐标系是模具设计中相当重要的一步，模具坐标系的原点须设置于模具动模和定模的接触面上，模具坐标系的 XC-YC 平面须定义在动模和定模接触面上，模具坐标系的 ZC 轴正方向指向塑料熔体注入模具主流道的方向上。模具坐标系与产品模型的相对位置决定产品模型在模具中放置的位置，是模具设计成败的关键。"注塑模向导"工具栏设有"模具 CSYS"设置功能，如图 3-8 所示。

4. 设置收缩率

塑料熔体在模具内冷却成型为产品后，由于塑料的热胀冷缩大于金属模具的热胀冷缩，所以成型后的产品尺寸将略小于模具型腔的相应尺寸，因此模具设计时模腔的尺寸要求略大于产品的相应尺寸以补偿金属模具型腔与塑料熔体的热胀冷缩差异。UG NX 模具向导处理这种差异的方法是，将产品模型按要求放大生成一个名为缩放体（Shrink Part）的分模实体模型（Parting），该实体模型的参数与产品模型参数是全相关的。"缩放体"设置对话框如图 3-9 所示。

图 3-8

5. 设置模具型腔和型芯毛坯尺寸

模具型腔和型芯毛坯（简称"模坯"）是外形尺寸大于产品尺寸的用于加工模具型腔和型芯的金属坯料。UG NX 模具向导模块（Mold Wizard）自动识别产品外形尺寸并预定义模具型腔、型芯毛坯的外形尺寸，其默认值在模具坐标系 6 个方向上比产品外形尺寸大 25mm，用户也可以根据实际要求自定义尺寸。Mold Wizard 通过"分模"将模具坯料分割成模具型腔和型芯，如图 3-10 和图 3-11 所示。

图 3-9

6. 模具型腔布局

模具型腔布局即通常所说的"一模几腔"，它是指产品模型在模具型腔内的排布数量。它是用来定义多个成型镶件各自在模具中的相应位置的。UG NX 模具向导模块（Mold Wizard）提供了矩形排列和圆形排列两种模具型腔布局方式，如图 3-12 所示。

图 3-10

图 3-11

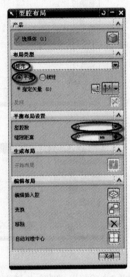

图 3-12

7. 分模

利用分模功能，可以顺利完成提取区域、自动补孔、自动搜索分型线、创建分型面、自动生成模具型芯和型腔等操作，可以方便、快捷、准确地完成模具分模工作。

调用命令：单击"分模"图标，进入"分型管理器"对话框，如图 3-13 所示。

（1）设计区域

单击"设计区域"图标，打开如图 3-14 所示"MPV 初始化"对话框（MPV，即模型部件验证）。

功能：模型部件验证提供了许多相关产品信息。

1）在模具中的方向和位置。

2）确认产品是否含有合适的分模轮廓线。

3）分割模型表面和人为地分配面的区域。

4）产品构造情况，是否便于拔模，是否有底切现象及是否需要补孔。

要获得以上信息，首先要确定拔模方向。对话框提供了选择拔模方向的工具。一旦确定了拔模方向，模型部件验证显示 4 个页面：面、区域、设置和信息，分别计算和显示模型中有关拔模、分型等各类信息。单击"面"选项卡，出现如图 3-15 所示界面，在此对话框中可编辑所有面的颜色，并可对面进行分割和面拔模分析。

（2）提取区域和分型线

单击"提取区域和分型线"图标，弹出如图 3-16 所示的对话框。提取区域和分型线是基于设计区域的结果，在该对话框中显示出部件的面的总数和型腔、型芯面数。注意：面的总数 = 型腔面数 + 型芯面数。

图 3-13

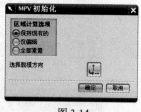

图 3-14

图 3-15

图 3-16

（3）创建/删除曲面补片

塑料产品由于功能或结构的需要，在产品上常有一些穿透产品孔，即本章所称的"破孔"。为将模坯分割成完全分离的两部分——型腔和型芯，UG NX 模具向导模块需要用一组厚度为零的片体将分模实体模型上的这些孔"封闭"起来，这些厚度为零的片体、分模面和分模实体模型表面可将模坯分割成型腔和型芯。UG NX 模具向导模块提供创建/删除曲面补片功能，类似于"分型"工具条中的"自动补孔"，可自动地搜索产品中所有内部修补环并修补产品上的所有通孔。

调用命令：单击"创建/删除曲面补片"图标，弹出如图 3-17 所示的对话框，有两种方式搜索内部修补环。

1）区域搜索环方式：区域搜索环方式要求首先在分模对象验证（Mold Part Validation，MPV）中完成型芯、型腔区域的分析，然后根据区域环自动补孔，其界面形式如图 3-17 所示。

2）自动搜索环方式：不需要定义型芯和型腔区域就可以自动搜索环创建修补面，此种方式常用。

"自动修补"按钮：系统自动搜寻产品上所有修补环并修补产

图 3-17

品上所有通孔。

"添加现有曲面"按钮：若有 Mold Wizard 承认的现有片体作为修补几何体，则可单击该按钮进行修补。

"删除补片"按钮：用来删除不符合要求的补丁。

（4）创建模具分型线

UG NX 模具向导模块（Mold Wizard）提供 MPV 功能，将分模实体模型表面分割成型腔区域和型芯区域两种面，两种面相交产生的一组封闭曲线就是分型线，如图 3-18 和图 3-19 所示。

（5）创建引导线

引导线创建在分型线段的两端，用于修剪分型片体。

调用命令：单击"引导线设计"图标，弹出如图 3-20 所示的对话框。

图 3-18

图 3-19

图 3-20

最初引导线的方向由系统定义，用户也可在"方向"文本框中更改方向。用户还可编辑引导线的长度和角度。

（6）创建 / 编辑模具分型面

分型面是由一组分型线向模坯四周按一定方式扫描、延伸和扩展而形成的一组连续封闭的曲面。UG NX 模具向导模块（Mold Wizard）提供自动生成分型面功能。当定义完过渡线和点之后，分型环便被分割成分型线段，创建 / 编辑分型面功能按顺序自动识别每一个分型线段并提供当前线段有效的构建方式选项创建分型面。过渡线自动地填充或桥接两分型线段间的空隙。编辑分型面则可逐个地编辑每个分型线段所生成的分型面，如图 3-21 和图 3-22 所示。

图 3-21

图 3-22

（7）创建模具型腔和型芯

分模实体模型破孔修补和分型面创建后，即可用 UG NX 模具向导模块（Mold Wizard）提供的建立模具型腔和型芯功能将毛坯分割成型腔和型芯，如图 3-23 所示。

8. 建立模架

模具型腔、型芯建立后，需要提供模架以固定模具型腔和型芯。UG NX 模具向导模块（Mold Wizard）提供有电子表格驱动的模架库和模具标准件库，如图 3-24 所示。

9. 加入模具标准部件

模具标准部件是指模具定位圈、浇口套、顶杆和滑块等模具配件。UG NX 模具向导模块提供有电子表格驱动的三维实体模具标准件库，如图 3-25 所示。

10. 设计浇口和流道系统

塑料模具必须有引导塑料熔体进入模腔的流道系统。流道的设计与产品的形状、尺寸及成型数量密切相关。常用的流道类型是"冷流道"。冷流道系统由 3 个部分组成，即主流道（Sprue）、分流道（Runner）和浇口（Gate）。

图 3-23

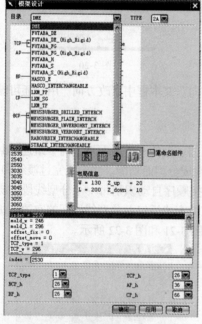

图 3-24

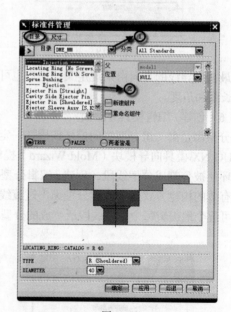

图 3-25

主流道是熔料注入模具最先经过的一段流道，常用一个标准的浇口套来成型这一部分。分流道是熔料从主流道进入型腔前的过渡部分，它分布在分型面上型芯和型腔的一侧或双侧。浇口是从分流道到型腔的关键流道。浇口形状的设计要考虑塑料的成型特性和产品的外观要求。"流道设计"对话框如图 3-26 所示。

11. 创建腔体

创建腔体是指在型腔、型芯和模板上建立腔或孔等特征以安装模具型腔、型芯、镶块及各种模具标准件。设置如图 3-27 所示。

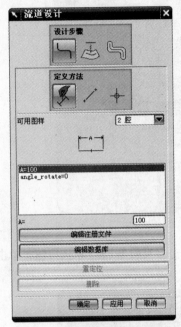

图 3-26

图 3-27

实训任务　UG NX Mold Wizard 分模实训

1. 任务目标

● 熟悉 Mold Wizard 模块的功能布局。

● 掌握 Mold Wizard 设计模具的基本流程。

● 了解 Mold Wizard 项目文件的装配体系。

● 掌握项目初始化相关设置方法并理解各选项含义。

● 掌握分型操作的基本步骤，对于简单形状的产品能够正确分型。

2. 任务分析

本实训任务产品为电器后盖，结构较为简单，如图 3-28 所示。分型面除两个缺口外都在同一平面上，分型面相对比较简单。通过这样一个简单实例完整的分模过程来掌握 UG MW 的主要设计流程和功能模块。在实训操作中要注意 MW 模块是一个装配结构，一个项目由多个部件装配而成。在进行项目初始化的时候，系统会自动建立好装配结构。顶层装配文件为"*_top_*.prt"文件。

图 3-28

3. 任务操作步骤

1）打开部件":\ugsx\mk3-sx1\mk3-sx1-001.prt"，单击工具栏中的"开始"→"所有应用模块"→"注塑模向导"，然后在弹出的"注塑模向导"工具条中单击"初始化项目"按钮，弹出"初始化项目"

对话框。设置好项目名称和存储路径，"材料"选择"ABS"，其他选项为默认，如图3-29所示，最后单击"确定"按钮完成项目初始化。

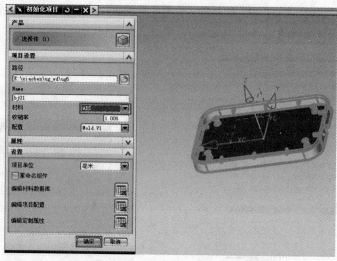

图 3-29

2）单击"模具 CSYS"图标，在弹出的对话框中单击"当前 WCS"单选按钮，单击"确定"按钮完成模具坐标系的设置，如图3-30所示。

图 3-30

3）如果在"项目初始化"设定中没有选择塑料材料，也就是没有设定收缩率的话，可以单独单击"注塑模向导"工具条中的"收缩率"图标，在弹出的对话框的"类型"选项中可以选择"均匀""轴对称"和"常规"，如图3-31所示。

4）单击"工件"图标进入"工件"对话框。在"工件方法"选项组中选择"用户定义的块"；在"极限"选项组中设定"开始"距离为"-15"mm，"结束"距离为"25"mm，单击"确定"按钮完成工件设定，如图3-32所示。

5）在"工件"对话框的"截面"设定中，单击"草图"按钮可以修改截面的位置和大小。设定完成的工件如图3-33所示。

6）单击"型腔布局"按钮，弹出"型腔布局"对话框。在"布局类型"中选中"矩形"和"平衡"单选按钮，"指定矢量"选择"YC"方向；在"平衡布局设置"选项组中，"型腔数"设定为"2"，"缝隙距离"设定为"0"mm；单击"开始布局"按钮，得到并排对称放置的两个工件。单击"自动对准中心"按钮，坐标系原点自动对准两个工件的中心位置，如图3-34所示。

7）单击"编辑插入腔"按钮，在弹出的对话框中选择"R"为"5"，"类型"选择"1"，其余保持默认设置。单击"确定"按钮，生成的插入腔体，如图3-35所示。

图 3-31 　　　　　　　　　　 图 3-32 　　　　　　　　　　 图 3-33

图 3-34

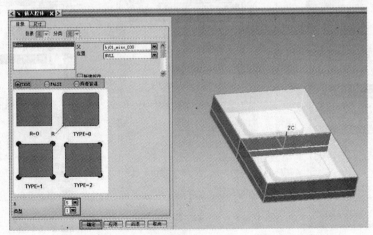

图 3-35

8）单击"分型"按钮，弹出"分型管理器"对话框。单击"分型管理器"对话框左侧的"设计区域"按钮，如图3-36所示。

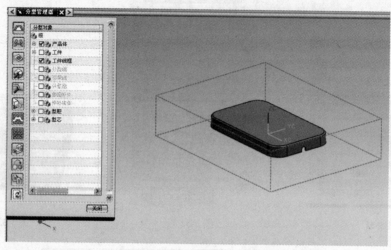

图 3-36

9）在弹出的对话框中选择顶出方向为"保持现有的"，然后单击"确定"按钮进入下一步，如图3-37所示。

10）在弹出的"塑模部件验证"对话框的"区域"选项卡中，单击"设置区域颜色"按钮，将"未定义的区域"依次查看，并正确设置为"型腔区域"或"型芯区域"，直到显示"未定义的区域"数量为0，单击"确定"按钮关闭对话框，如图3-38所示。

11）单击"分型管理器"中的"定义区域"按钮，在弹出的"定义区域"对话框中，将"设置"选项组下的"创建区域"和"创建分型线"

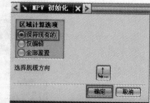

图 3-37

复选框都选中，在"定义区域"列表中选择"所有面"，然后单击"应用"按钮完成设置，如图3-39所示。设置后的结果如图3-40所示。注意：要使所有面的数量等于型腔区域数量加上型芯区域数量。

图 3-38

图 3-39

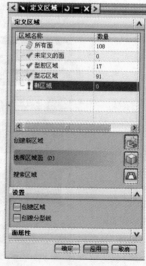

图 3-40

12）单击"引导线设计"按钮，在弹出的对话框中设置"引导线长度"为"60"mm，单击部件下方孔两侧的边缘，设置好4条引导线，如图3-41所示。

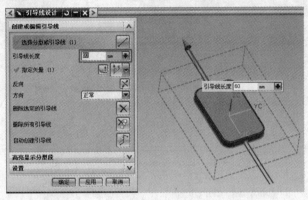

图 3-41

13）单击"创建分型面"按钮，设置"距离"为"60"mm，再单击"创建分型面"按钮，如图3-42所示。

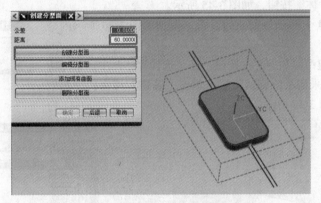

图 3-42

14）在弹出的对话框中，对于缺口部分分型线选择"曲面类型"中的"拉伸"单选按钮，设置"拉伸方向"为引导线方向，如图3-43所示。

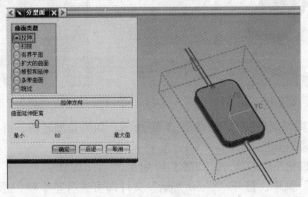

图 3-43

15）对于分型线在同一平面的部分，选择"曲面类型"中的"有界平面"单选按钮。"第一方向"和"第二方向"分别设置为前后同侧的两条引导线，如图3-44所示。

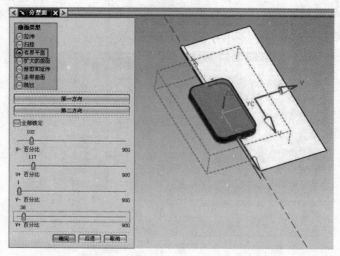

图 3-44

16）在弹出的"查看修剪片体"对话框中，根据图形界面显示的分型面结果单击"确定"按钮或"翻转修剪的片体"按钮，如图 3-45 所示。

17）依次完成 4 个部分分型面的设置，得到如图 3-46 所示的分型面。

图 3-45

18）单击"创建型腔和型芯"按钮，在"选择片体"中选中"所有区域"，其他选项采用系统默认设置。单击"确定"按钮，开始创建型腔和型芯，如图 3-47 所示。

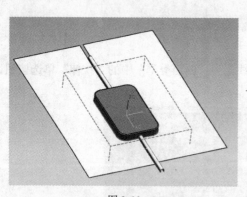

图 3-46

图 3-47

19）软件经过计算得到型腔部分，如图 3-48 所示。如果是翻转的，可在对话框中单击"法向反向"按钮得到正确的型腔。

20）系统接着可以给出型芯部分，如图 3-49 所示。

21）单击"窗口"菜单，打开"*_top_*.prt"文件即可查看整个模仁形状，如图 3-50 所示。单击"文件"→"全部保存"命令，将全部文件保存。

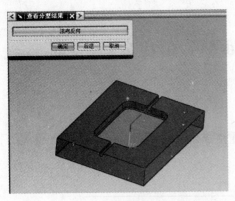

图 3-48

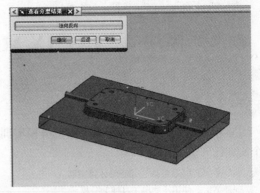

图 3-49

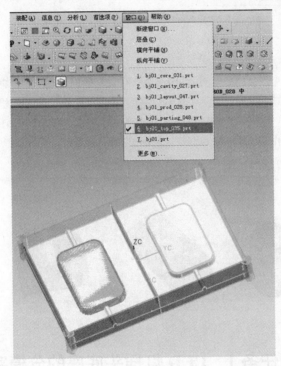

图 3-50

习　题

1. UG NX 注塑模向导设计模具的基本流程有哪些主要环节？

2. 使用注塑模向导，完成如下产品的初始化和分模操作，如图 3-51 和图 3-52 所示（文件路径 ":\uglx\mk3-xt\"）。

图 3-51

图 3-52

模块 4 UG NX Mold Wizard 分模实训

模块要点

本模块通过 3 个产品的 MW 自动分模实训，重点强化掌握注塑模工具的使用。模块由下面 3 个实训任务组成：

实训任务 1 LED 灯插头底座的分模实训
实训任务 2 使用注塑模工具辅助分模
实训任务 3 显示器底座分模实训

模块简介

本模块主要通过 3 个产品的分模实训强化掌握 UG 注塑模向导模块的功能操作。3 个产品结构在分模难度上由简单到复杂，逐级递增，如图 4-1 所示。第一个产品直接使用注塑模向导模块的操作流程就可以完成。第二个产品补孔需要实体补孔，并修剪才能完成。第三个产品在分型方面需要分割面、手动创建补孔片体等操作，更为复杂。通过这些操作训练，读者能较好地掌握 UG MW 自动分模的基本操作。

图 4-1

实训任务 1 LED 灯插头底座的分模实训

1. 任务目标
● 熟练掌握 UG MW 设计模具的基本流程步骤，理解分型过程的基本原理。
● 能使用 UG MW 自动补孔。
● 掌握型芯、型腔区域划分原则，能合理确定分型线和分型面。
● 能根据设计需要自定义设计工件尺寸。
● 掌握面分割等指令，保证顺利合理分型。

2. 任务分析
本任务的实例产品，如图 4-2 所示。虽然面比较多，但是分模难度是比较低的，按照 UG MW 分模流程很容易就可以分模。需要注意的是，两个通孔侧面需要进行分割才能顺利分模。这些侧面下面部分需划分为型芯区域，上面部分需划分为型腔区域。产品分型面为平面，直接采用有界平面方式就可以创建分型面，不必设置引导线。本任务作为入门操作，重点还是强化MW操作流程，尽快熟悉和掌握主要分模步骤。

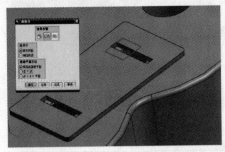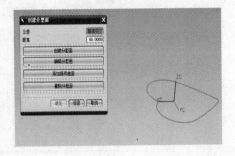

图 4-2

3. 任务操作步骤

1）打开文件":\ugsx\mk4-sx1\mk4-sx1-001.prt"，进入注塑模向导模块，单击"初始化项目"按钮，在弹出的对话框中设置项目存储目录和项目名称，选择"材料"为"ABS"，单击"确定"按钮，完成项目的初始化，如图4-3所示。

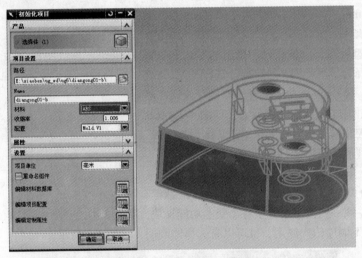

图 4-3

2）单击"模具CSYS"按钮，在弹出的对话框中选择"当前WCS"单选按钮，单击"确定"按钮完成模具坐标系的设定，如图4-4所示。

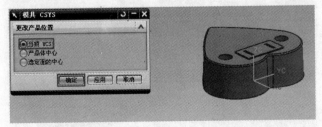

图 4-4

3）单击"工件"按钮，在弹出的对话框中单击"选择曲线"下的"草图"按钮，进入草图绘制模式，如图4-5所示。

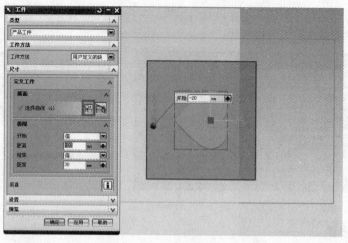

图 4-5

4）单击"p51尺寸标注"，在下拉菜单中将函数改为"常量"，并将数值改为"15" mm，单击"完成草图"，回到"工件"对话框，设置"开始"距离为"-20" mm，"结束"距离为"30" mm，结果如图4-6所示。

5）单击"型腔布局"按钮，在弹出的对话框中将"布局类型"选择为"平衡"；"型腔数"选择"2"，"缝隙距离"设置为"0" mm。单击"开始布局"按钮，然后单击"自动对准中心"按钮完成设置，如图4-7所示。

6）在"型腔布局"对话框中，单击"编辑插入腔"按钮，在弹出的"插入腔体"对话框中设置"R"值为"5"，"类型"为"2"，如图4-8所示。

7）单击"分型"按钮，弹出"分型管理器"对话框。"分型管理器"左侧一列按钮是分型各个基本功能模块。可以按照自上而下顺序依次调用，也可以有选择地调用，如图4-9所示。

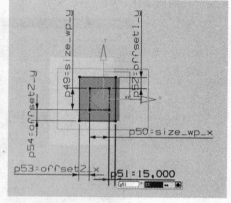

图 4-6

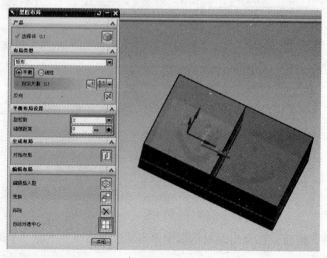

图 4-7

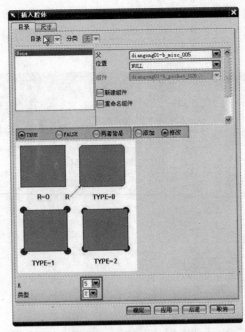

图 4-8

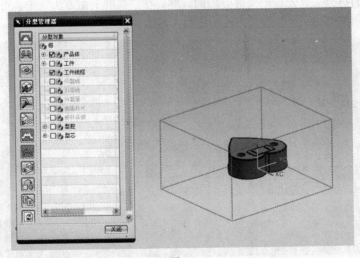

图 4-9

8）单击"分型管理器"左侧的"设计区域"按钮，在弹出的"MPV 初始化"对话框中选中"保持现有的"单选按钮，单击"确定"按钮，如图 4-10 所示。

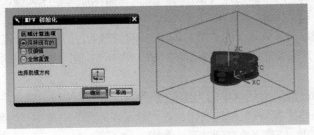

图 4-10

9）在弹出的"型模部件验证"对话框中，单击"面"选项卡，可以查看具有不同拔模角的面的数目，对于一些既包含型芯又包含型腔部分的面，可以单击"面拆分"按钮进行分割，如图 4-11 所示。

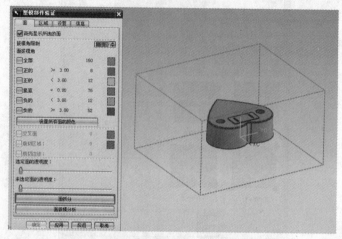

图 4-11

10）单击"注塑模工具"中的"面拆分"按钮，或单击"面"选项卡中的"面拆分"按钮，将图中竖直面进行拆分。首先选中要拆分的面，然后在"基准平面方法"中，可以先利用两条边构建基准平面，再单击"确定"按钮完成面分割，如图 4-12 所示。

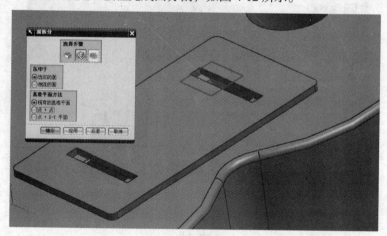

图 4-12

11）单击"区域"选项卡，单击"设置区域颜色"按钮，系统自动将型腔区域、型芯区域和未定义区域分别设置成不同的颜色，按住鼠标中键，拖动鼠标使部件旋转，仔细查看各个面，尤其是未定义的 6 个交叉竖直面，如图 4-13 所示。

12）选中"用户定义区域"下的"型芯区域"单选按钮，依次单击未定义的面中需定义为型芯区域的面，同样将其他未定义面定义为型芯区域。单击"应用"按钮，如图 4-14 所示。设置完成后，关闭对话框。

13）单击"分型管理器"对话框中的"创建/删除曲面补片"按钮，弹出"自动孔补片"对话框，在"环搜索方法"中选中"区域"单选按钮，在"显示环类型"中选中"内部环边缘"单选按钮，单击"自动修补"按钮，即可完成自动补孔，如图 4-15 所示。

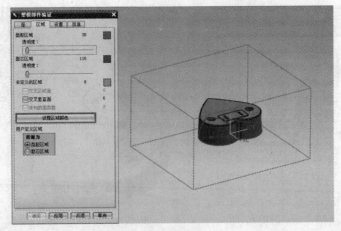

图 4-13

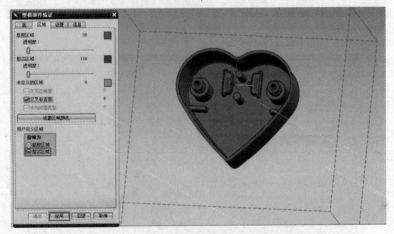

图 4-14

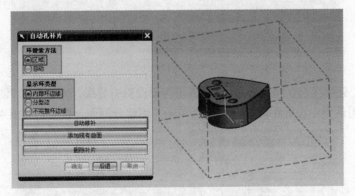

图 4-15

14）单击"分型管理器"对话框中的"分型对象"中的"曲面补片"选项，可以在视图窗口中将前面步骤中完成的补片高亮显示出来，可以进行删除等操作，如图 4-16 所示。

15）单击"分型管理器"对话框中的"抽取区域和分型线"按钮，弹出"定义区域"对话框。在"定义区域"对话框中选中"所有面"，在"设置"选项组中选中"创建区域"和"创建分型线"复选框。单击"应用"按钮完成抽取区域和创建分型线操作，如图 4-17 所示。

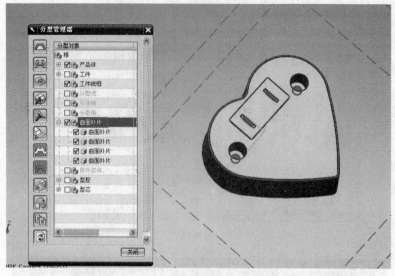

图 4-16

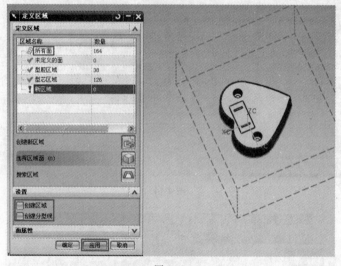

图 4-17

16）本例中，分型线都在同一平面内，所以不需要设置引导线，直接单击"创建/编辑分型面"按钮，在弹出的对话框中设置距离为 60，然后单击"创建分型面"按钮，如图 4-18 所示。

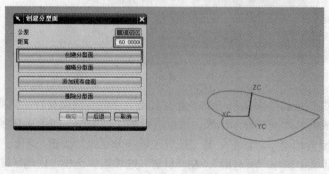

图 4-18

17）在弹出的"分型面"对话框中选中"有界平面"单选按钮，然后单击"确定"按钮完成分型面的创建，如图 4-19 所示。

18）单击"创建型腔和型芯"按钮，在弹出的"定义型腔和型芯"对话框中选中"所有区域"，然后单击"确定"按钮，如图 4-20 所示。

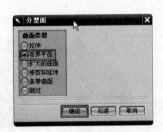

图 4-19

图 4-20

19）经过一定时间运算，视图窗口显示出创建好的型腔部分，观察后如果方向正确，直接单击"确定"按钮；如果方向反了，则单击"法向反向"按钮修改过来，如图 4-21 所示。

20）型腔创建好以后，系统再经过一定时间运算就会创建好型芯部分。同样观察方向是否正确，并单击"确定"按钮完成型芯创建。这样本产品的分型就完成了，如图 4-22 所示。

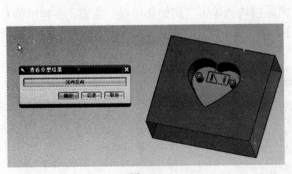

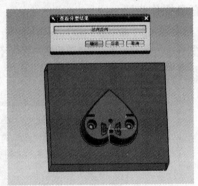

图 4-21

图 4-22

21）单击"窗口"菜单，选择"*_top_*.prt"文件。视图窗口就显示出型芯、型腔和插入腔各部分（模仁），如图 4-23 所示。全部保存后，完成本实训。

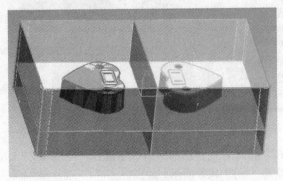

图 4-23

实训任务 2　使用注塑模工具辅助分模

1. 任务目标

● 熟练掌握 UG MW 设计模具的基本流程步骤，理解分型过程的基本原理。

● 掌握使用注塑模工具辅助补孔操作的方法步骤。

● 掌握型芯、型腔区域划分原则，能合理确定分型线和分型面。

● 掌握引导线设计原则和具体操作步骤。

● 掌握注塑模工具的功能与操作方法。

2. 任务分析

本任务的实例产品，如图 4-24 所示，有多个破孔区域，只有先补孔，完成后才能正确分型操作，所以实训任务的重点是掌握补孔操作。这些孔类型有所不同，顶面圆孔自动补孔即可，边缘 3 个孔可以采用曲面补孔，也可以采用边缘补孔。上方开口自动补孔比较困难，可以采用注塑模工具中的实体补片工具和修剪边缘补片来完成补孔。在补孔操作中掌

图 4-24

握注塑模工具的功能和操作步骤。在分型操作上本产品除了两侧孔的位置外分型面都在一个平面上，侧孔位置分型面直接采用拉伸方式创建，其他位置用有界平面方式创建。在侧孔分型处理上也可以将侧孔补起来，这样分型面就是一个平面了。实际操作中一般不这样处理，主要是考虑有了这段曲面可以使型芯、型腔更准确地定位。

3. 任务操作步骤

1）打开文件"sk4-sx2.prt"，调出注塑模向导模块，单击"初始化项目"按钮，在弹出的对话框中按图 4-25 中选择设置好项目路径、名称、材料等。单击"确定"按钮，系统就建立了顶层文件，创建了整个装配体系，如图 4-25 所示。经过一定时间运算，系统就会完成项目初始化。

图 4-25

2）单击"模具 CSYS"按钮，在弹出的对话框中选择"当前 WCS"单选按钮，单击"确定"按钮完成模具坐标系的设置，如图 4-26 所示。

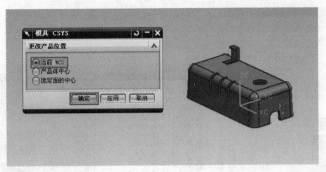

图 4-26

3）单击"工件"按钮，在弹出的对话框中设置"开始"距离为"-20"mm，"结束"距离为"50"mm，单击"确定"按钮，完成工件创建，如图 4-27 所示。

4）单击"型腔布局"按钮，在弹出的对话框中，在"布局类型"中选择"平衡"单选按钮，"指定矢量"设置为"YC"方向；"型腔数"选择为"2"，"缝隙距离"设为"0"mm，单击"开始布局"按钮，生成型腔布局，如图 4-28 所示。

图 4-27

图 4-28

5）单击"自动对准中心"按钮，腔体中心将自动移动到坐标原点上。单击"编辑插入腔"按钮，在弹出的对话框的"目录"选项卡下，设置"R"值为"5"，"类型"为"2"，单击"确定"按钮，完成插入腔体设置。返回上级对话框后，单击"确定"按钮退出，如图 4-29 所示。

6）单击"分型"按钮，调出"分型管理器"对话框，如图 4-30 所示。

7）单击"分型管理器"左侧的"设计区域"按钮，在"MPV 初始化"对话框中选择"保持现有的"单选按钮，单击"确定"按钮，如图 4-31 所示。

8）在"型模部件验证"对话框中，进入"区域"选项卡，单击"设置区域颜色"按钮，然后，将未定义的几个面分别设置到型芯区域和型腔区域。单击"应用"按钮后，关闭对话框，如图 4-32 所示。

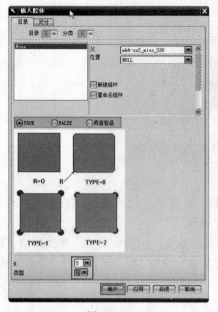

图 4-29

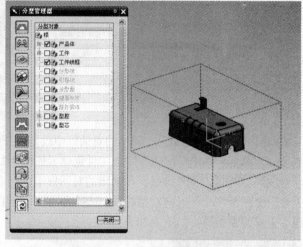

图 4-30

9）单击"创建/删除曲面补片"按钮，在弹出的对话框中单击"自动修补"按钮，可以完成4个孔的自动修补，如图4-33所示。

10）如图所示的孔，系统是无法自动修补的，需要使用注塑模工具完成补孔。首先单击"创建方块"按钮，设置"默认间隙"为"0"mm，然后调整上部"面间隙"为"2"mm。单击"确定"按钮完成，如图4-34所示。

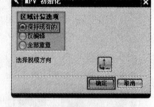

图 4-31

11）单击"分割实体"按钮，选中"按面拆分"复选框，选择方块为目标体，利用"快速拾取"选择如图4-35所示面为分割面，单击"确定"按钮。

12）在弹出的对话框中单击"翻转修剪"按钮，单击"确定"按钮完成操作，如图4-36所示。

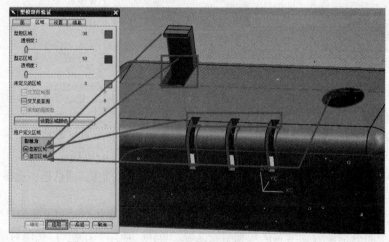

图 4-32

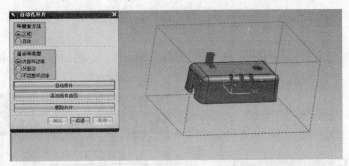

图 4-33

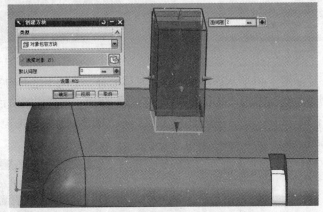

图 4-34

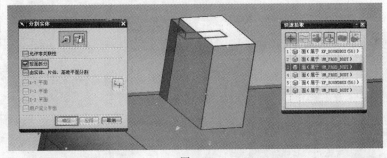

图 4-35

13）单击"修剪区域补片"按钮，选中分割后的实体，再单击"确定"按钮，如图 4-37 所示。

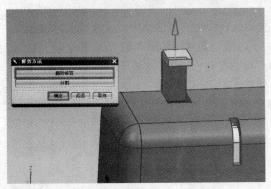

图 4-36

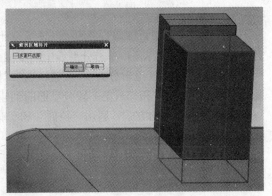

图 4-37

14）在弹出的"开始遍历"对话框中选择"按面的颜色遍历"复选框，单击"确定"按钮，如图4-38所示。

15）在弹出的"选择方向"对话框中单击"翻转方向"按钮，然后单击"确定"按钮完成操作，如图4-39所示。

图4-38

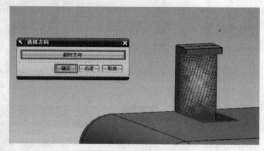

图4-39

16）完成后的补片如图4-40所示。注意：这是片体修补，不同于之前的实体。

17）单击"分型管理器"中的"抽取区域和分型线"按钮，在弹出的对话框中，在"定义区域"列表中选中"所有面"。在"设置"中选中"创建区域"和"创建分型线"。单击"应用"按钮，完成型芯和型腔区域的抽取，如图4-41所示。

图4-40

图4-41

18）单击"分型管理器"中的"引导线设计"按钮，在弹出的对话框中，设置"引导线长度"为"60"mm，在视图窗口单击分型线中两个侧孔的下边缘，创建好如图4-42所示的4条引导线。

19）单击"创建/编辑分型面"按钮，选中"拉伸"单选按钮，设置"曲面延伸距离"为"60"mm，最后单击"确定"按钮完成第一段分型面的创建，如图4-43所示。

20）使用同样的方式，利用"拉伸"和"有界平面"的方法创建好4部分分型面，如图4-44所示。

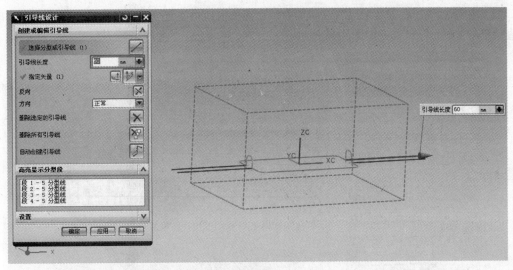

图 4-42

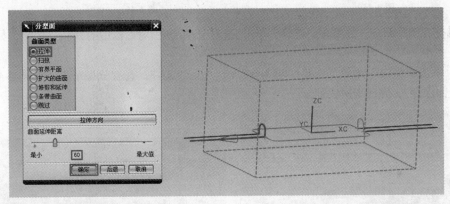

图 4-43

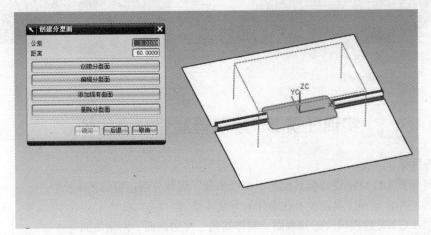

图 4-44

21）单击"定义型腔和型芯"按钮，在弹出的对话框中选中"所有区域"，单击"确定"按钮，创建型芯和型腔，如图4-45所示。

22）在弹出"查看分型结果"对话框中，在视图窗口中查看创建好的型腔，如果方向正确，则直接单击"确定"按钮，如图4-46所示。

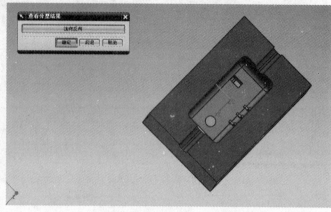

图4-45　　　　　　　　　　　　　　　　　　图4-46

23）查看型芯部分，如果方向正确，单击"查看分型结果"对话框中的"确定"按钮，如图4-47所示。

24）单击"窗口"菜单，选择"mk4-sx2_top_*.prt"文件，查看分型结果，如图4-48所示。选择"全部保存"，完成本次实训。

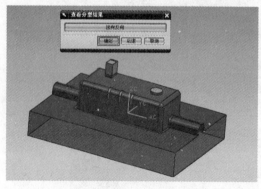

图4-47　　　　　　　　　　　　　　　　　　图4-48

实训任务3　显示器底座分模实训

1.任务目标

● 熟练掌握 UG MW 设计模具的基本流程步骤，理解分型过程的基本原理。
● 掌握使用注塑模工具辅助补孔操作的方法步骤。
● 掌握 UG NX 建模模块的抽取面、制作拐角、N 边曲面、网格曲面等指令。
● 学会手动创建曲面补孔方法。
● 掌握型芯、型腔区域划分原则，能合理确定分型线和分型面。
● 学会综合使用建模模块与注塑模向导协作完成分模。

2. 任务分析

本任务的实例产品为显示器底座，如图 4-49 所示。这个产品看似不复杂，实际上中间大孔利用注塑模补孔工具，包括实体补孔都无法完成。这里要采用建模的方式手动构建出补孔的片体。这些操作要用到抽取面、修剪片体、制作拐角、缝合、网格曲面等建模指令，学习和掌握这些建模指令是本实训任务的重点和难点。这个产品上有两个孔需用修剪实体补片方式补孔，这个操作与实训任务 2 中的补孔是一样的。

这个产品在确定分型面时要注意有些面需要分割成两个面。确定设计区域时由于产品面数量较多，需要加强观察未知面的位置。要仔细计算面的数量，以免漏掉一些面。

3. 任务操作步骤

1）启动 UG 软件，打开文件 ":\ugsx\mk4-sx3\mk4-sx3-001.prt"，如图 4-50 所示。

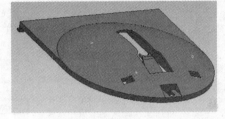

图 4-49　　　　　　　　　　　　　图 4-50

2）启动注塑模向导模块，单击"初始化项目"按钮，设置好项目路径和项目名称，"材料"选择为"ABS"。单击"确定"按钮开始加载模具项目，如图 4-51 所示。

3）单击"模具 CSYS"按钮，在弹出的对话框中选择"当前 WCS"单选按钮，如图 4-52 所示。

4）单击"工件"按钮，在"工件"对话框中单击"草图"按钮，如图 4-53 所示。

图 4-51　　　　　　　　　图 4-52　　　　　　　　　图 4-53

5）进入草图绘制模式后，在"P51"尺寸标注上双击鼠标键，然后在弹出的尺寸条中单击"函数"按钮，如图 4-54 所示。

6）在下拉列表中单击"设为常量"，再次单击"P51"尺寸，将数值修改为"40"mm。这里一定要先修改为常量才能修改数值，如图 4-55 所示。

7）使用同样方法将另外 3 个边的间距都修改为"40"mm。单击"完成草图"回到"工件"对话框。设置"开始"距离为"-35"mm，"结束"距离为"50"mm，单击"确定"按钮完成工件创建，如图 4-56 所示。

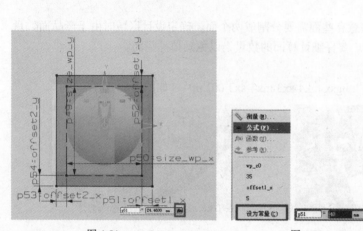

图 4-54   图 4-55   图 4-56

8）完成后的工件如图 4-57 所示。提示：已完成部分要随时保存，保存时选择"全部保存"才能保存项目所有文件。

9）单击"分型"按钮，弹出"分型管理器"对话框。单击"设计区域"按钮，如图 4-58 所示。

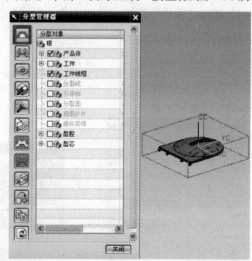

图 4-57   图 4-58

10）在"MPV 初始化"对话框中选中"保持现有的"单选按钮，单击"确定"按钮，如图 4-59 所示。

11）在弹出的"塑模部件验证"对话框中，单击"面"选项卡，查看不同拔模角的面的数量。单击"设置所有面的颜色"按钮设置面的颜色。选中"正的"复选框，设置"选定面的透明度"，如果需要进行面拆分，可以单击"面拆分"按钮进行面的分割，如图 4-60 所示。

12）单击"面拆分"按钮，本产品有 3 个面需要拆分才能正确分型。在弹出的"面拆分"对话框中单击"确定"按钮，如图 4-61 所示。

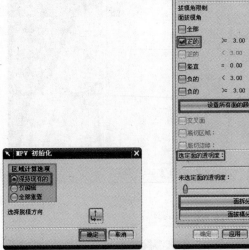

图 4-59

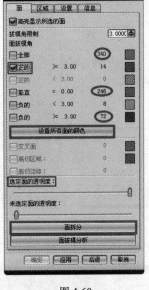

图 4-60

图 4-61

13）在"面拆分"对话框中，在"选择步骤中"单击第 2 项，在"基准平面方法"中选择"点＋点"模式。然后单击如图所示两条边，系统会自动构建一个基准平面，也可以提前创建好一个基准平面直接选择。单击"应用"按钮完成面拆分，如图 4-62 所示。

14）调整产品显示位置，再次选中如图 4-63 所示的面。

图 4-62

图 4-63

15）选择"基准平面方法"中的"点＋X-Y 平面"模式，单击"应用"按钮完成拆分。使用同样方法将对称位置面进行拆分，如图 4-64 所示。

16）回到"塑模部件验证"对话框，单击"区域"选项卡，查看型腔区域、型芯区域和未知区域面的数量。单击"设置区域颜色"按钮，如图 4-65 所示。

17）在"用户定义区域"下选中"型腔区域"。在产品体上单击如图 4-66 所示相连的未知面，单击"应用"按钮将其指派到"型腔区域"。

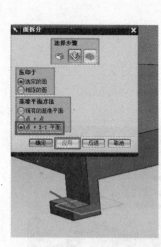

图 4-64

图 4-65

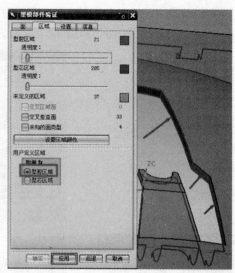

图 4-66

18）将如图 4-67 所示的通孔侧面的未知面指派到"型腔区域"。

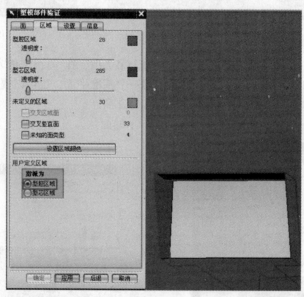

图 4-67

19）将如图 4-68 所示的通孔侧面的未知面指派到"型腔区域"，单击"应用"按钮完成设置。

20）将如图 4-69 所示侧面的未知面指派到"型腔区域"。然后逐一将剩余未知面指派到"型芯区域"，直到"未知的区域"面的数量显示为"0"。要仔细查看型芯区域和型腔区域面的划分有无问题。划分错误的面要重新指派到相反的区域。

21）单击"定义区域"按钮，在对话框中选中"所有面"；在"设置"中选中"创建区域"和"创建分型线"两个复选框，如图 4-70 所示。

22）单击"创建/删除曲面补片"按钮，在对话框中单击"自动修补"按钮，如图 4-71 所示。

23）系统会自动将如图 4-72 所示的 4 个破孔修补好。因为已经定义好了型芯、型腔区域，所以左右两个孔也可以自动修补，否则就需要使用修剪实体补片方式补孔。

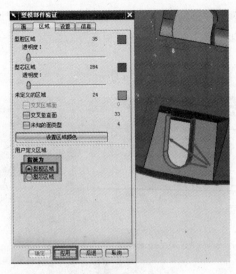

图 4-68

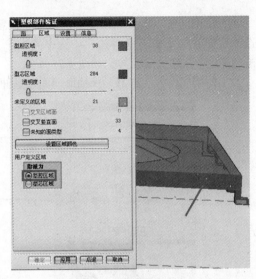

图 4-69

图 4-70

图 4-71

图 4-72

24）中间较大这个破孔无法使用注塑模向导修补，只能手动修补。单击"抽取几何体"按钮，在对话框中选中"固定于当前时间戳记"和"隐藏原先的"两个复选框，如图 4-73 所示。

25）继续单击如图所示几个面，单击"确定"按钮完成面的抽取操作，结果如图 4-74 所示。

图 4-73

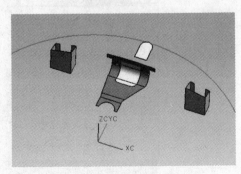

图 4-74

26）使用同样方法抽取孔左侧的侧面。接着单击"修剪与延伸"按钮，在对话框的"类型"中选择"按距离"，在"选择边"中选中侧边的下边缘，"延伸"中的"距离"值设为"15"mm，单击"确定"按钮完成延伸，如图4-75所示。

27）使用同样方法将第一次抽取面向左延伸"15"mm，如图4-76所示。

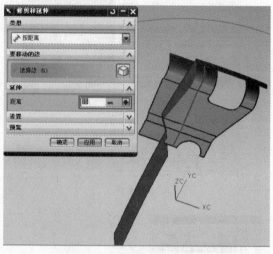

图4-75　　　　　　　　　　　　　　　　　　图4-76

28）单击"修剪片体"按钮，按图4-77所示设置"目标体"与"工具体"，最后单击"确定"按钮完成修剪。

29）单击布尔"求差"按钮，选择片体为"目标体"，选择产品为"工具体"，在"设置"中选择"保存工具"复选框，单击"确定"按钮完成设置，如图4-78所示。

30）单击"修剪和延伸"按钮，在"类型"中设置为"制作拐角"，分别选择两侧的片体，单击"确定"按钮完成拐角修剪，如图4-79所示。

31）单击"镜像体"按钮，选择片体为对象，选择YC-ZC平面为镜像平面，最后单击"确定"按钮完成镜像，如图4-80所示。

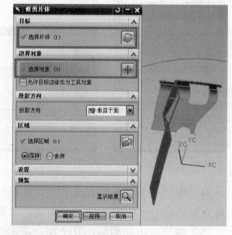

图4-77

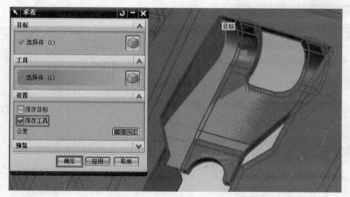

图4-78

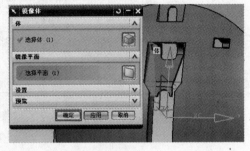

图 4-79　　　　　　　　　　　　　　　　　　图 4-80

32）单击注塑模工具中的"扩大曲面"按钮，选择如图 4-81 所示的面。在对话框中设置 U、V 方向扩大为"0"，去除对"切到边界"复选框的勾选。单击"确定"按钮完成片体创建。再使用"求差"去除掉与产品重叠的部分。

33）单击"创建基准平面"按钮，单击如图 4-82 所示的面，最后单击"确定"按钮完成基准平面的创建。

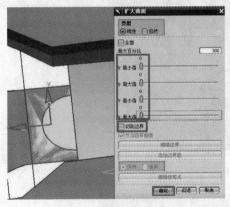

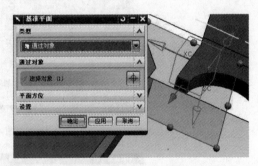

图 4-81　　　　　　　　　　　　　　　　　　图 4-82

34）单击"修剪片体"命令，选择两侧片体为"目标"，选择基准平面为"边界对象"，单击"确定"按钮完成修剪，如图 4-83 所示。

35）单击"桥接曲线"按钮，或单击"插入"→"来自曲线集的曲线"→"桥接"命令，依次在如图 4-84 所示的面左右单击两次，出现两个控制点。

36）将两个控制点拖至如图 4-85 所示的交点位置，并调整方向。单击"确定"按钮完成桥接曲线设置。

37）单击"插入"→"网格曲面"→"通过曲线网格"命令，在弹出的对话框中依次单击相对两边为主曲线，每条边单击后需接着单击鼠标中键，然后再单击下一条边。使用同样方法将另两条边设置为交叉曲线，在"连续性"选项组中将各线串设置为"G1（相切）"，选择面都为图 4-86 所示曲面。

38）选择曲线和相切面，如图 4-87 所示，单击"确定"按钮完成设置。

图 4-83

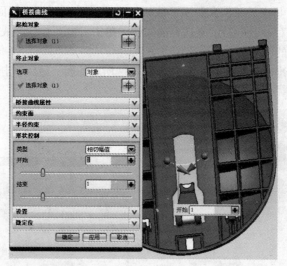

图 4-84

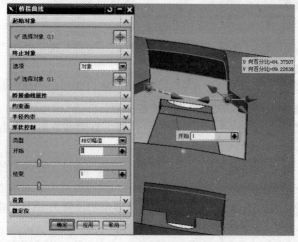

图 4-85

图 4-86

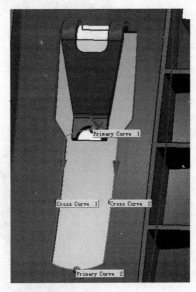

图 4-87

39）单击"修剪片体"按钮，将创建好的网格曲面设为"目标"，选择基准平面为"边界对象"，单击"确定"按钮完成修剪，如图 4-88 所示。

图 4-88

40）单击"插入"→"网格曲面"→"直纹曲面"命令，打开"直纹"对话框，如图 4-89 所示，先选择上侧片体边界，单击鼠标中键确认，接着单击下侧片体边界，确认后，设置方向指向同一侧，如果方向相反，单击"反向"按钮。最后单击"确定"按钮完成。

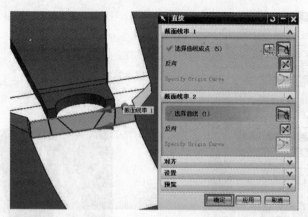

图 4-89

41）单击"缝合"按钮，将如图 4-90 所示的片体缝合成一个片体。

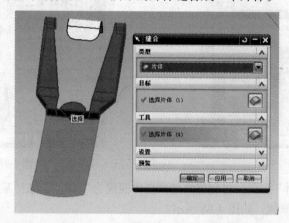

图 4-90

42）单击"分型管理器"中的"曲面补片"按钮，在弹出的对话框中单击"添加现有曲面"按钮，选择缝合的片体，如图 4-91 所示，最后单击"确定"按钮完成中央孔的补片操作。

43）单击"分型管理器"窗口中的"曲面补片"选项，查看刚刚手工完成的补片，如图 4-92 所示。

图 4-91

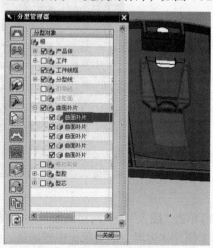

图 4-92

44）单击"引导线设计"按钮，设计引导线，将分型线划分为不同的段，如图 4-93 所示。划分原则是每一段都能使用单一方法创建分型面。

设计好的引导线如图 4-94 所示。

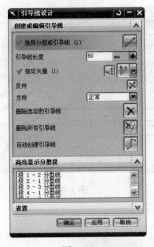

图 4-93

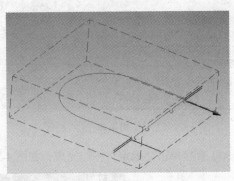

图 4-94

45）单击"创建/编辑分型面"按钮，在弹出的对话框中单击"创建分型面"按钮，如图 4-95 所示。

46）如图 4-96 所示，直接单击"拉伸"单选按钮即可创建此段分型线。方向不需修改，单击"确定"按钮完成创建。

图 4-95

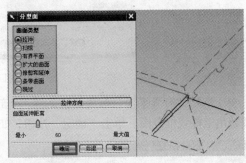

图 4-96

47）单击"拉伸"单选按钮创建第二段分型线，单击"拉伸方向"按钮，选择拉伸方向为 –X 方向。将拉伸距离调大，如图 4-97 所示。

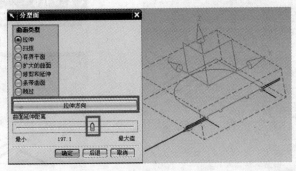

图 4-97

48）单击"拉伸"单选按钮创建这一段分型线，直接单击"确定"按钮完成创建，如图 4-98 所示。

49）单击"拉伸方向"按钮将方向修改为 X 轴方向。单击"确定"按钮完成拉伸，如图 4-99 所示。

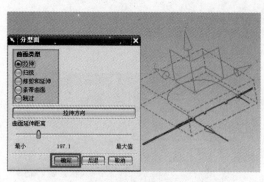
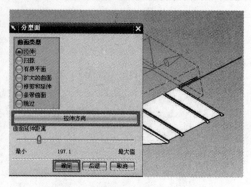

图 4-98　　　　　　　　　　　　　　　图 4-99

50）直接单击"确定"按钮完成，如图 4-100 所示。

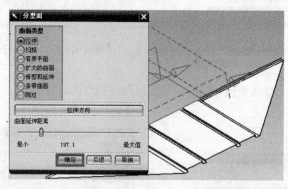

图 4-100

51）选择"有界平面"单选按钮，将"全部锁定"复选框去除选择。调整各方向滑块，要求范围超出工件线框范围。单击"确定"按钮，如图 4-101 所示。

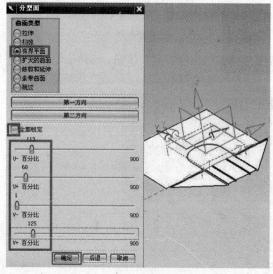
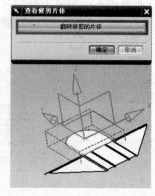

图 4-101　　　　　　　　　　　　　　　图 4-102

52）如图 4-102 所示，修剪方向反了，单击"翻转修剪的片体"按钮。在打开的对话框中单击"确定"按钮完成创建。

53）完成的分型面如图 4-103 所示。单击"后退"按钮，回到"分型管理器"对话框。

54）单击"移除参数"按钮，选择分型面片体，如图 4-104 所示。

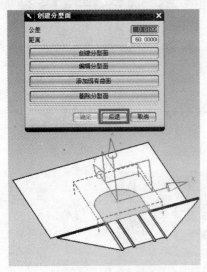

图 4-103

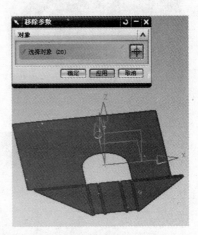

图 4-104

55）单击"缝合"按钮，将分型面缝合为一个片体，如图 4-105 所示。

56）单击"定义型腔和型芯"按钮，在弹出的对话框中选择"所有区域"，然后单击"确定"按钮。

由于手动缝合分型面，系统会提示删除自动创建分型面。单击"确定"按钮开始定义型腔与型芯，如图 4-106 所示。

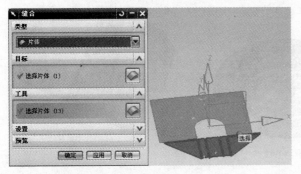

图 4-105

图 4-106

57）完成的型腔如图 4-107 所示，最后单击"确定"按钮。

58）完成的型芯如图 4-108 所示。单击"确定"按钮完成设置。

59）在窗口中选择"*_top_*.prt"文件，如图 4-109 所示，可见型芯、型腔和产品体。单击"全部保存"，完成本实训。

图 4-107

图 4-108

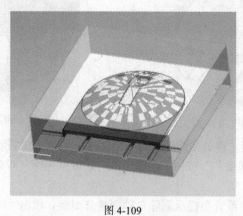

图 4-109

习　题

使用 UG MW 自动分模完成下列部件的分模操作，如图 4-110 ~ 图 4-112 所示（文件路径 ":\ugsx\mk4-xt\"）。

图 4-110　　　　　　　　　　图 4-111　　　　　　　　　　图 4-112

模块 5　Mold Wizard 加载模架和标准件

模块要点

本模块主要训练使用 UG MW 对已经分模完成的产品进行加载标准模架和加载标准件的操作。本模块由 5 个实训任务组成:

实训任务 1	加载模架、定位环和主流道衬套
实训任务 2	加载推杆、拉料杆
实训任务 3	设计浇注系统与冷却系统
实训任务 4	加载边锁、绘制模具总装图
实训任务 5	创建侧抽芯滑块机构

模块简介

本模块主要以一个产品的模具设计流程为主线,从分模完成后加载模架的任务入手,直到加载完成所有零部件,绘制好模具工程图,完成整套模具为止的全部设计过程。通过这 5 个实训任务,可以更好地理解和掌握模具的设计过程。UG MW(注塑模向导)模块提供非常强大的模架和标准件加载功能,注塑模向导采用装配结构,模架和标准件都采用全参数形式,已经加载完成的模架和标准件都可以重新修改参数,进行重定位。注塑模向导中的模架和标准件型号比较丰富,在进行实训任务时要对各个参数含义有所掌握,要根据产品结构特点和设计要求合理选择型号与参数。

实训任务 1　加载模架、定位环和主流道衬套

1. 任务目标
● 掌握 UG MW 设计模具的基本流程步骤。
● 熟悉各类典型模架的结构特点和参数含义。
● 能根据模仁尺寸和设计要求合理选择模架。
● 掌握加载标准模架的步骤和参数设置。
● 掌握标准螺钉的加载方法和操作步骤。
● 掌握定位环的加载方法和参数设置。
● 掌握主流道衬套的加载方法和参数设置。

2. 任务分析

本实训任务是对于一个已经分模完成的产品,选择模架型号,加载标准模架,如图 5-1 所示。模架加载之后还需要在模架上修剪出固定模仁的腔体,并要加载固定模仁的螺钉,合理选择参数加载定位环和主流道衬套。模架的型号比较多,国际上常用 DME 模架、国内用得比较广泛的是龙记的模架、日本用得比较多的是 FUTABA 模架。这些厂商的模架注塑模向导都能加载。每个厂商都包含多个系列众多型号的模架,选择时要根据模仁的

图 5-1

尺寸和设计要求合理选择。首先，模架必须满足尺寸要求，不能太小。在模具后续设计中还需要加载大量部件，比如支撑柱、冷却水管等，模架必须要有充足的空间容纳。其次，模架尺寸也不能过大，否则会造成材料浪费，以及不必要的成本增加。标准件加载时要合理选择参数，要了解主要参数的含义，MW 标准件加载窗口都有图示帮助设计人员了解参数含义，使用时应注意查看。

3. 任务操作步骤

1）启动 UG NX 软件并加载注塑模向导模块，如图 5-2 所示。打开文件":\ugsx\mk5-sx1\mk5-sx1_top_062.prt"，使用"测量"工具测量工件的基本尺寸。

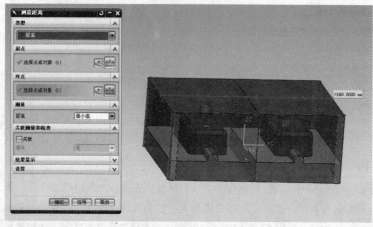

图 5-2

2）单击"注塑模向导"中的"模架"按钮，在弹出的对话框中的"目录"下拉列表中选择"DME"；在"TYPE"下拉列表中选择"2A"；在尺寸列表中选择"2225"。其他参数按如图 5-3 所示设置。设置的各模板厚度必须与模仁尺寸相适应。

3）在"目录"列表中还有其他模架供应商，也可选择其他供应商的模架。参数和规格会略有不同，如图 5-4 所示。

4）单击"注塑模向导"工具栏中的"刀槽"按钮，对定模板和动模板进行修剪模仁腔体，如图 5-5 所示。

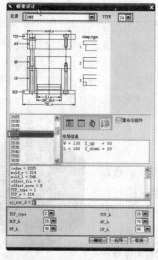

图 5-3

图 5-4

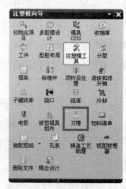

图 5-5

5）在弹出的对话框中选择定模板作为"目标"，选择工件插入腔为"工具"，"引用集"设置为"两者皆是"。单击"应用"按钮完成定模板的修剪，如图5-6所示。

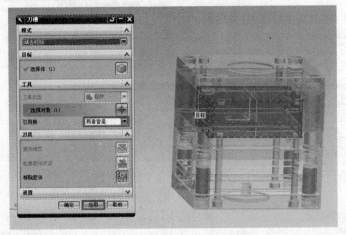

图 5-6

6）继续在对话框中设置，选择动模板作为"目标"，选择工件插入腔作为"刀具"。为了方便观察，可以在"设置"中选中"只显示目标体和工具体"复选框，然后单击"确定"按钮完成修剪，如图5-7所示。

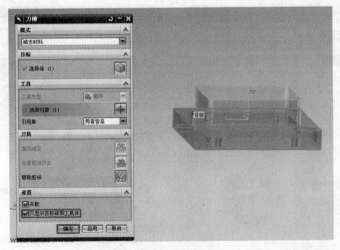

图 5-7

7）单击左侧资源条中的"装配导航器"按钮，打开"装配导航器"窗口，可以看到整套模具的树状装配图，如图5-8所示。可以查看和转换各个节点。

8）单击"注塑模向导"工具栏中的"标准件"按钮。在弹出的"标准件管理"对话框的"目录"选项卡中，在"目录"下拉列表中选择"DME_MM"，在"分类"下拉列表中选择"Injection"；在左侧列表选择"Locating Ring [With Screws]"；设置"TYPE"值为"R"；"DIAMETER"值为"100"；"BOTTOM_C_BORE_DIA"值为"50"；"THREAD_PITCH"值为"1.25"；单击"确定"按钮完成定位环加载，如图5-9所示。

9）单击"标准件"按钮，"分类"仍选择"Injection"，在左侧列表选择"Sprue Bushing"，如图5-10所示；其他参数按图中设置。

图 5-8

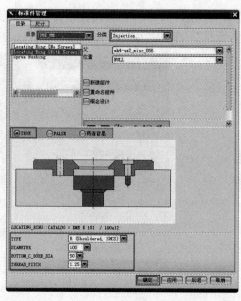
图 5-9

10）在对话框中单击"尺寸"选项卡，在下方的列表中选中"CATALOG LENGTH"，将参数值修改为"82"，如图 5-11 所示。单击"确定"按钮完成主流道衬套的加载。

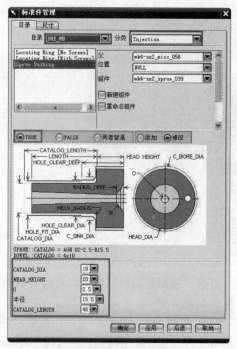
图 5-10

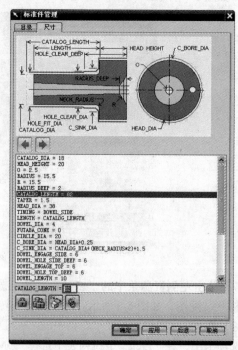
图 5-11

11）单击"刀槽"按钮，分别选择定模座板、定模板、动模板，将定位环和主流道衬套腔体修剪好，如图 5-12 所示。

12）在"装配导航器"中选中定模板，设为显示部件。其他部件将不显示，以方便加载固定螺钉，如图 5-13 所示。

图 5-12

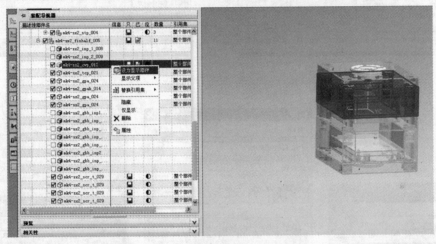

图 5-13

13）单击"标准件"按钮，在"标准件管理"对话框的"目录"选项卡中设置"分类"为"Screws"，在左侧列表选择"SHCS[Manual]"，如图 5-14 所示；其他参数参照图 5-14 中设置。

14）单击对话框中的"尺寸"选项卡，在列表中选择"LENGTH"，并修改数值为"36"，"PLATE_HEIGHT"项修改数值为"32"。单击"确定"按钮，开始加载螺钉，如图 5-15 所示。

15）在弹出如图 5-16 所示的对话框后，单击定模板的上表面，再单击"确定"按钮进入下一步。

16）在弹出的"点"对话框中，设置"XC"值为"45"mm，"YC"值为"70"mm，"ZC"为"0"mm，如图 5-17 所示。本例中 WCS 与绝对坐标重合，选择哪一个都是一样的。

17）如图 5-18 所示，继续设置其他 3 个螺钉的坐标点，具体数值按图中设置。

18）4 个螺钉加载完成后，效果如图 5-19 所示。

19）单击"刀槽"按钮，分别完成定模板和工件修剪螺钉孔，如图 5-20 所示。

20）重新单击"标准件"按钮，加载动模板部分工件固定螺钉。在"尺寸"选项卡中，修改"LENGTH"为"20"，修改"PLATE_HEIGHT"数值为"16"。单击"确定"按钮加载螺钉，如图 5-21 所示。

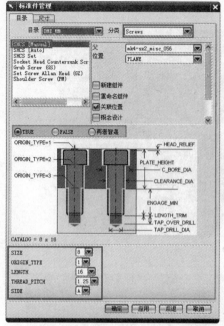

图 5-14

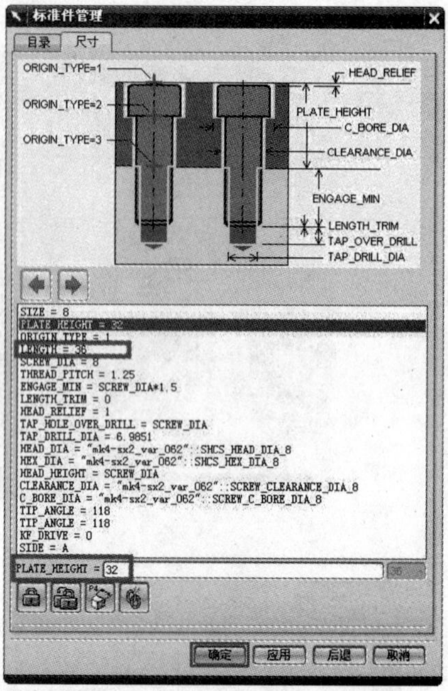

图 5-15

图 5-16

图 5-17

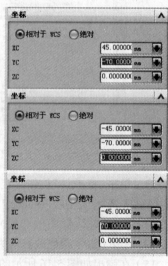

图 5-18

21）使用与定模板相同的坐标，完成螺钉的加载并完成螺钉孔的修剪，完成后如图 5-22 所示。

22）在左侧"装配导航器"中将顶层装配 top 文件设置为工作部件，如图 5-23 所示。在"文件"菜单中选择"全部保存"后关闭，完成本实训任务。

图 5-19

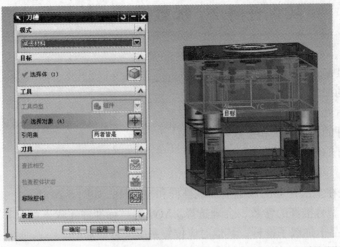

图 5-20

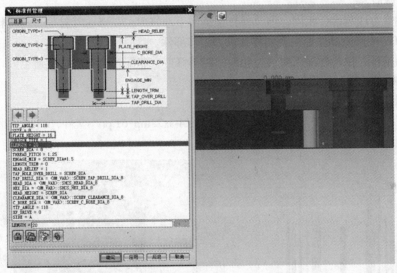

图 5-21

图 5-22

图 5-23

实训任务2   加载推杆、拉料杆

1. 任务目标

● 掌握 UG MW 设计模具的基本流程步骤。
● 掌握推杆的加载方法和操作步骤。
● 掌握推杆后处理方法。
● 掌握拉料杆的加载方法和参数设置。
● 掌握拉料杆的修剪方法。

2. 任务分析

本实训任务是在上次任务的基础上加载推杆和拉料杆，如图 5-24 所示。推杆是标准化部件，选择时要了解不同型号推杆的参数，合理选择。MW 加载标准件比较人性化，对于一模多腔的模具，只要在一个产品上加载了推杆，其他对应位置系统会自动加载。

推杆加载后还需要按照型芯表面进行修剪，MW 中单独设置了"顶杆后处理"命令，可以非常便捷地进行修剪。

拉料杆加载方法与推杆相同。但拉料杆顶部需手动修剪，在修剪时首先要将拉料杆设置为工作部件。在 MW 中修改部件都需要先将其设为工作部件。

加载好的推杆、拉料杆都需要进行相应的腔体修剪，非配合位置要进行避空处理，以免运动阻力过大影响模具的推出动作，损坏模具。

3. 任务操作步骤

1）启动 UG NX 软件，打开":\ugsx\mk5-sx2\MK4-sx2_top_61.prt"文件，加载后如图 5-25 所示。

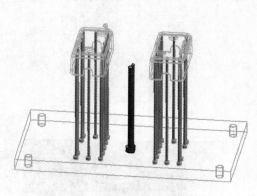

图 5-24

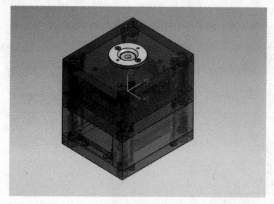

图 5-25

2）在"装配导航器"中设置"mk4-sx2_core"为显示部件，这样在图形窗口中将只显示型芯部分，方便加载推杆时查看和选择对象，如图 5-26 所示。

3）单击"注塑模向导"工具栏中的"标准件"按钮，在"分类"下拉列表中选择"Ejection"，在左侧列表选择"Ejection Pin[Straight]"，其他参数按图中设置，如图 5-27 所示。

4）在弹出的"点"对话框中，输入 XC=18，YC= −14，ZC=0，继续在其他位置加载推杆，完成后效果如图 5-28 所示。注意：推杆只加载一侧即可，另一侧对称位置推杆系统会自动加载。

5）单击"顶杆后处理"按钮，在弹出的对话框中选择"片体修剪"单选按钮，"配合长度"值设为"10"，依次单击各个推杆，如图 5-29 所示，最后单击"确定"按钮完成推杆自动修剪。

图 5-26

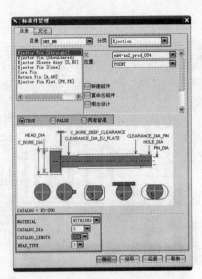

图 5-27

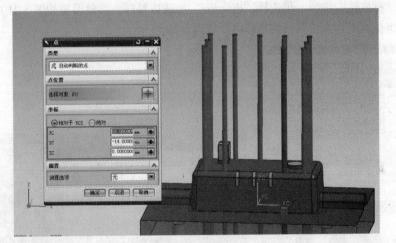

图 5-28

图 5-29

6）设置推杆显示方式为"局部着色"，可以看到推杆修剪效果，如图 5-30 所示。

图 5-30

7）单击"标准件"按钮，仍选择"Ejection"加载拉料杆，参数设置如图 5-31 所示。

8）选择坐标原点作为拉料杆的加载点，如图 5-32 所示。

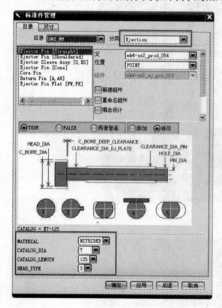

图 5-31

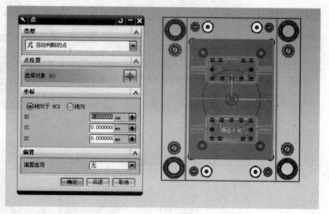

图 5-32

9）单击"顶杆后处理"按钮，弹出"顶杆后处理"对话框，如图 5-33 所示，完成拉料杆的修剪。

10）加载后，拉料杆如图 5-34 所示。

11）如图 5-35 所示，设置拉料杆为显示部件，单击"拉伸"按钮，在弹出的对话框中单击"草图"按钮。

12）选择"YC-ZC"平面作为草图绘制平面，如图 5-36 所示。单击"确定"按钮进入草图绘制界面。

13）在草图界面绘制多边形，各部分尺寸如图 5-37 所示。绘制完成后，单击"完成草图"按钮，回到"拉伸"对话框。

图 5-33

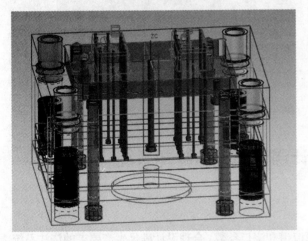

图 5-34

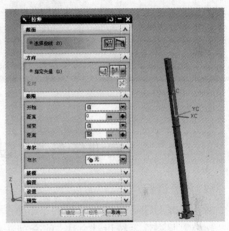

图 5-35

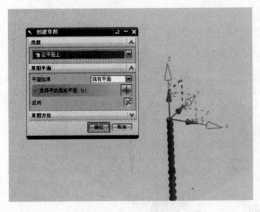

图 5-36

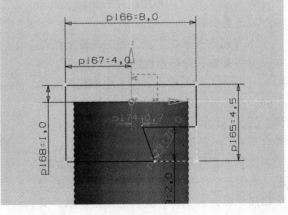

图 5-37

　　14）在"拉伸"对话框中设置"开始"距离为"－25"mm，"结束"距离为"25"mm；"布尔"选择"求差"，"选择体"选中拉料杆。单击"确定"按钮完成拉料杆头部的修剪，如图 5-38 所示。

拉料杆修剪结果如图 5-39 所示。

15）在"装配导航器"中将顶层装配文件设为工作部件，如图 5-40 所示。将文件全部保存后，完成本实训任务。

图 5-38

图 5-39

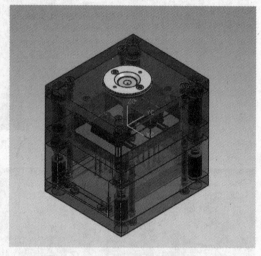

图 5-40

实训任务 3　设计浇注系统与冷却系统

1. 任务目标

● 掌握 UG MW 设计模具的基本流程。

● 掌握浇注系统设计方法，能合理选择流道和浇口参数，合理设计满足生产要求的浇注系统。

● 掌握冷却系统的管路设计方法，能根据产品特点和要求合理设计冷却水运行管路。

● 掌握其他冷却系统组件的加载方法。

2. 任务分析

本实训任务是在上次任务的基础上继续完成浇注系统和冷却系统的设计和加载，如图 5-41 所示。与前面实训任务中加载标准件不同，浇注系统的流道浇口和冷却系统的冷却水管都需设计放置位置和形状。在设计时要合理布局，不能与其他部件发生干涉，还要考虑到工艺性能，不能造成加工困难的情况。本例产品是一模两穴，浇口采用侧浇口，浇口尺寸要合理选择，既满足充型要求，又不影响制件外观。

冷却系统对于塑料制品的质量和生产效率有着非常大的影响。在设计冷却水管的时

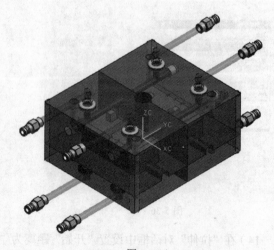

图 5-41

候，要尽量使冷却水管在模板和模仁中均匀分布，以保证模温稳定。冷却水管是后期加载部件，空间限制比较多，有时就会出现空间尺寸局促和调温要求高的矛盾。要解决这个矛盾，需要在前期模仁和模板参数选择时就考虑到为冷却水管加载预留空间位置。

3. 任务操作步骤

1）启动 UG 软件并加载注塑模向导模块，打开":\ugsx\mk5-sx3\mk5-sx3_sot_062.prt"文件，调出任务 2 完成的模具，如图 5-42 所示。

2）单击工具栏上的"标准件"按钮，在"分类"中选择"Support Pillar"，在左侧列表中选择第一项，如图 5-43 所示。其他参数参照图中所示设置。单击"确定"按钮，开始加载支撑柱。

3）在弹出的对话框中，设置坐标如下：XC=0，YC=−85，ZC=0，如图 5-44 所示。

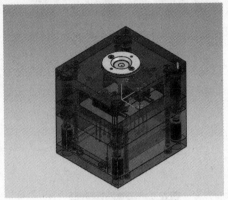

图 5-42

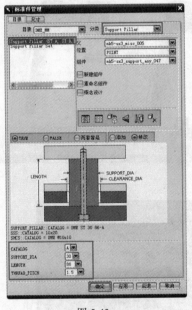

图 5-43

图 5-44

4）加载另一点坐标：XC=0，YC=85，ZC=0。单击"确定"按钮完成支撑柱的加载，如图 5-45 所示。

5）加载后，支撑柱如图 5-46 所示。

6）单击工具栏上的"浇口设计"按钮，弹出"浇口设计"对话框，在"平衡"中选择"是"单选按钮，在"位置"中选择"型腔"单选按钮，如图 5-47 所示。列表中其他参数参照图中所示进行设置。

设计好的浇口如图 5-48 所示。

7）单击工具栏中的"流道"按钮，设计出分流道。单击"刀槽"按钮，在弹出的如图 5-49 所示的对话框中进行设置，完成主流道衬套和型腔、型芯的修剪。

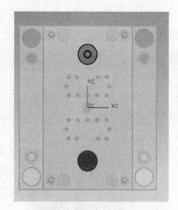

图 5-45

图 5-46

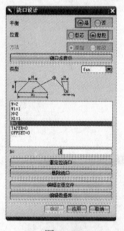

图 5-47

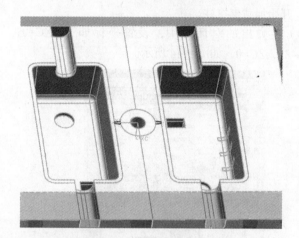

图 5-48

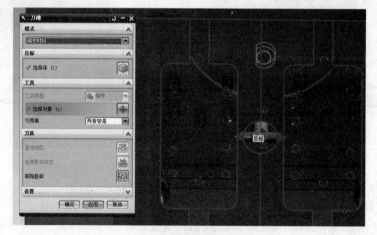

图 5-49

完成后，流道和浇口如图 5-50 所示。至此，浇注系统设计完成。

8）单击工具栏中的"冷却"按钮，弹出"冷却组件设计"对话框，如图 5-51 所示，在左侧列表选择"COOLING HOLE"，在"PIPE_THERAD"下拉列表中选择"M8"，其他参数采用默认设置。

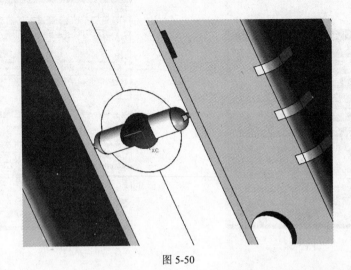

图 5-50

9）单击"尺寸"选项卡，如图 5-52 所示，在列表中选择并设置 HOLE_1_DEPTH=75、HOLE_2_DEPTH=75、C_BORE_DEPTH=5，然后单击"确定"按钮开始加载冷却水管。

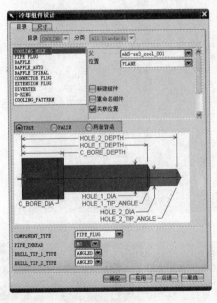

图 5-51

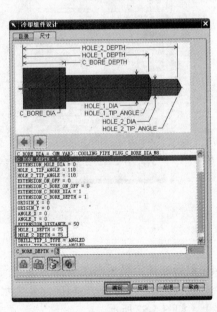

图 5-52

10）在弹出的对话框（见图 5-53）后，单击模板的侧面。

11）在对话框中设置插入点坐标:XC= −25，YC=25，ZC=0，如图 5-54 所示。

12）插入点设置完成后，会弹出"位置"对话框，如图 5-55 所示，单击"取消"按钮退出。

13）继续设置其他位置坐标。加载水管位置，如图 5-56 所示。

图 5-53

图 5-54

图 5-55

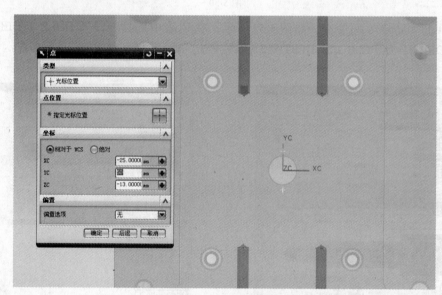

图 5-56

14）重新选择定模板内侧表面为加载面，创建4个竖直方向水管。位置要和前面4个水管正好衔接上，如图5-57所示。

15）选择型腔体作为显示部件，加载相应的冷却水管，如图5-58所示。

16）对于已经加载的水管，如果发现与其他部件发生干涉，可重新加载，选择"重定位"进行修改，如图5-59所示。

17）在弹出的"位置"对话框中设置"偏置"距离，如图5-60所示，并调整水管位置，避开产品突出部分。

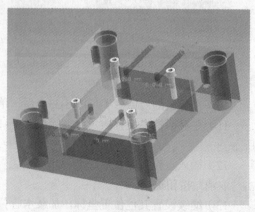

图 5-57

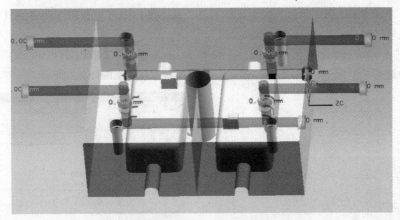

图 5-58

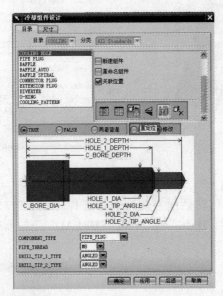

图 5-59

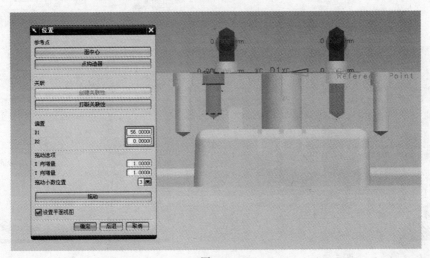

图 5-60

　　加载后，水管如图 5-61 所示。本例只是示范，具体操作中可根据需要调整为其他布局方式。比如，本例也可以将冷却水管设置为环绕式的。

　　18）在"冷却组件设计"对话框左侧列表中选择"CONNECTOR PLUG"，在"PIPE_THREAD"中选择"M10"，然后单击"确定"按钮加载水嘴，如图 5-62 所示。

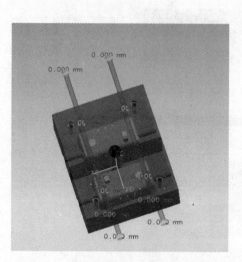

图5-61

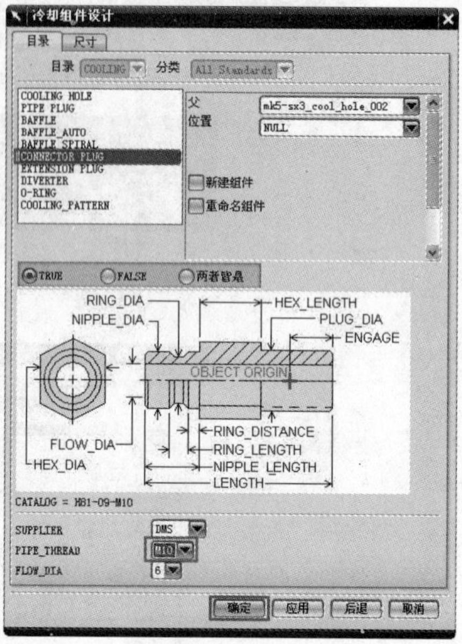

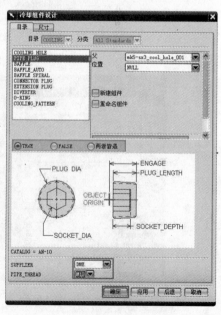

图5-62

　　19）依次将水嘴加载到出入口，如图 5-63 所示。

　　20）在"冷却组件设计"对话框左侧列表中选择"PIPE PLUG"，如图 5-64 所示，并在"SUPPLIER"下拉列表中选择"DME"在"PIPE_THREAD"下拉列表中选择"M10"，最后单击"确定"按钮加载堵头。

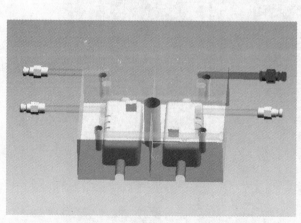

图 5-63

图 5-64

21）选择模仁水管外侧圆心加载，效果如图 5-65 所示。

22）在"冷却组件设计"对话框中选择"O-RING"，各参数如图 5-66 所示，单击"确定"按钮开始加载。

图 5-65

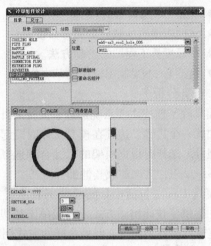

图 5-66

加载后，如图 5-67 所示。至此，定模部分冷却系统设计完成。

23）采用同样方法完成动模部分的冷却系统，如图 5-68 所示。

图 5-67

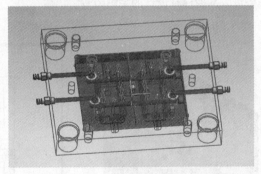

图 5-68

整个冷却系统效果图如图 5-69 所示。

24）选择"全部保存并退出"完成本次实训，如图 5-70 所示。

图 5-69

图 5-70

实训任务 4　加载边锁、绘制模具总装图

1. 任务目标

● 掌握 UG MW 设计模具的基本流程。

● 掌握边锁的加载方法和参数设置。

● 掌握模具工程图的绘制方法。

● 熟悉 UG NX 制图模块的基本操作。

2. 任务分析

模具除了前述主要系统加载、设计之外，还有一些单独小部件需要加载。本实训任务首先给模具加载一个边锁。边锁在模具工作时既起到定位作用，又起到导向和保护型芯的作用。边锁有不同型号，选择时根据模架的尺寸合理选择。任务只是以边锁为例说明标准件的加载，读者学习时要举一反三，尝试加载其他部件。

模具工程图包括模具的总装图和主要零件的零件图。这些是模具加工的前提和依据。UG MW 中提供了快捷出图方式，直接单击注塑模向导模块中的"模具工程图"按钮，系统就可以自动创建模具的各类视图。但是这样的方式创建的视图往往质量不高，尤其是剖视图显得不够清晰。如果要出高质量图，尽量在制图模块手动创建。本书由于内容较多，故没有介绍制图模块的指令和操作，读者可查看其他资料。

本实训任务结束后，这一产品的整套模具就创建完成了，如图 5-71 所示。通过这 4 个实训任务可以掌握模具设计的完整流程。

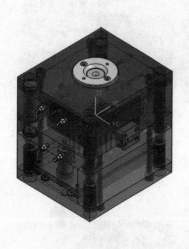 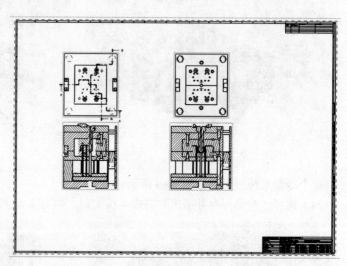

图 5-71

3. 任务操作步骤

1）启动 UG 软件并加载注塑模向导模块，打开":\ugsx\mk5-sx4\mk5-sx4_top_062.prt"文件，如图 5-72 所示。

2）单击"标准件"按钮，在"分类"中选择" Locks"，在列表中选择"Straight Interlock-SSI"，设置"WIDE"值为"50"；单击"确定"按钮，开始加载边锁，如图 5-73 所示。

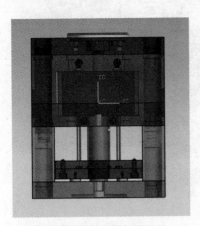

图 5-72

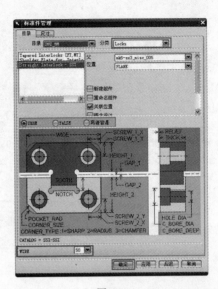

图 5-73

3）在弹出的对话框中选择定模板侧面，如图 5-74 所示。

4）在弹出的对话框中，设置坐标如下：XC=0，YC= −38，ZC= −107，如图 5-75 所示。

5）在弹出的"位置"对话框中，通过调整偏置距离对准边锁，如图 5-76 所示。

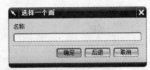

图 5-74

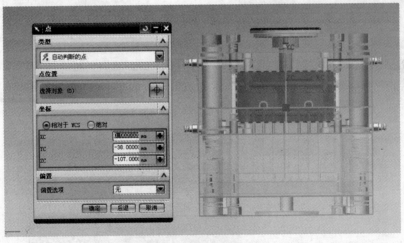

图 5-75

6）完成加载边锁，如图 5-77 所示。

7）单击"注塑模向导"工具栏上的"装配图纸"按钮，在弹出的对话框中选择"template_A0_asy_fam_mm.prt"。单击"应用"按钮，加载图纸，如图 5-78 所示。

8）单击"可见性"选项卡，"属性名"选择"MW_SIDE"，如图 5-79 所示。

9）单击"视图"选项卡，再单击列表中的"CORE"，然后单击"应用"按钮，加载型芯部分视图。同理，单击列表中的"CAVITY"，然后单击"应用"按钮，将自动加载型腔部分视图，如图 5-80 所示。

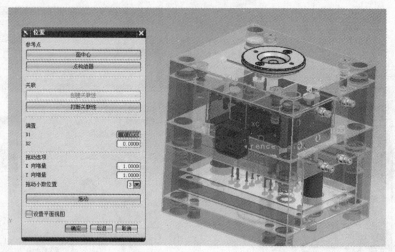

图 5-76

图 5-77

图 5-78

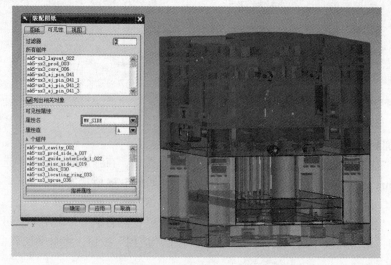

图 5-79

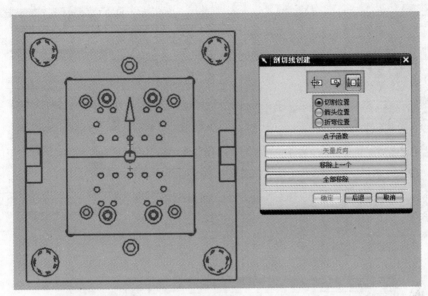

图 5-80

10）单击列表中的"CAVITY"，然后单击"应用"按钮，如图 5-81 所示。在弹出的图示对话框中选择视图和矢量方向，继续选择剖切位置，单击"确定"按钮，完成正向剖视图。

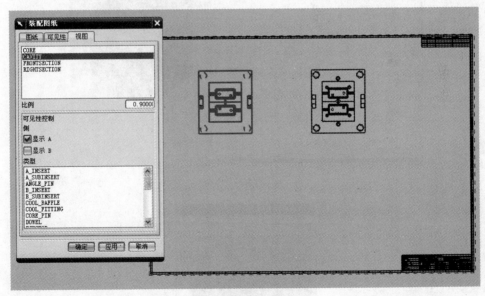

图 5-81

11）用同样方法完成左视图，如图 5-82 所示。

12）单击"注塑模向导"工具栏中的"视图管理"按钮，在弹出的对话框中可以灵活设置视图的显示方式，如图 5-83 所示。

13）单击"注塑模向导"工具栏中的"删除文件"按钮，可以删除未使用的部件，如图 5-84 所示。保存所有文件，完成本实训任务。

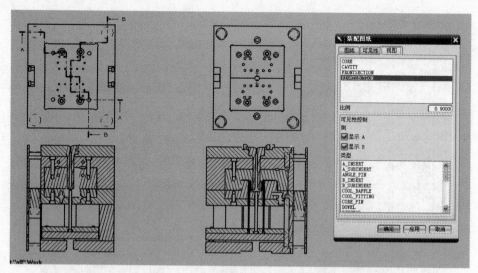

图 5-82

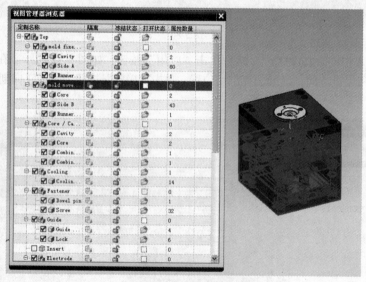

图 5-83

图 5-84

实训任务 5 创建侧抽芯滑块机构

1. 任务目标

● 掌握滑块的加载步骤和参数设置。

● 掌握使用建模方式创建滑块头的方法和步骤。

● 学会根据侧型芯的尺寸和产品结构合理选择滑块的参数。

● 学会灵活使用布尔运算设计滑块体。

2. 任务分析

当产品存在脱模影响推出的侧型芯时，就需要设计相应侧向抽芯机构。滑块机构工作可靠，依靠分型机构自动完成抽芯，所以应用比较广泛。本例产品有 3 个侧型芯，这里将其放在一个滑块上，如图 5-85 所示。由于本例产品侧型芯尺寸比较小，结构比较简单，所以采用拖拉式滑块机构，也称为拨块机构。适用于抽芯距离短，侧凹或侧孔特征小的产品。这种滑块结构紧凑、工作可靠。滑块头部需手动完成创建。在设计时需与型芯、型腔进行多次布尔运算，要注意掌握修剪的次序。

3. 任务操作步骤

1）启动 UG NX，加载注塑模向导模块，打开部件可见侧面有 3 个通孔，产品分型时需设计侧向抽芯机构，如图 5-86 所示。

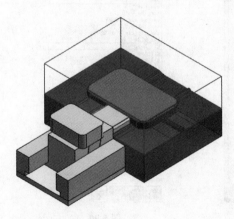

图 5-85

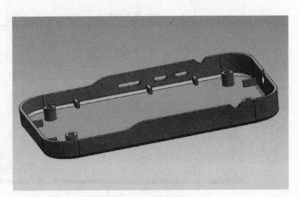

图 5-86

2）查看后关闭部件文件，另外打开 ":\UGSX\MK5-SX5\mk5-sx5-001_top_010.prt" 文件，这是一个已经分型完毕的项目文件。本实训将在此基础上创建滑块抽芯机构，如图 5-87 所示。

3）为了正确加载滑块机构，先要调整工作坐标系。单击 "WCS 方向" 按钮，在弹出的对话框中，"参考" 设置为 "绝对"，在坐标窗口设置原点坐标为：X=7；Y= −50；Z=0。单击 "确定" 按钮完成坐标系调整，如图 5-88 所示。

4）在 "注塑模向导" 工具栏中单击 "滑块和浮升销设计" 按钮，在弹出的对话框左侧的列表中选中 "Push-Pull Slide"，如图 5-89 所示，即拖拉式滑块机构，也称为拨块机构。

5）单击 "滑块和浮升销设计" 对话框中的 "尺寸" 选项卡，在参数列表中修改参数。设置 angle_start=15，cam_back=30，cam_poc=15，gib_long=75，slide_long=50，wide=35；单击 "确定" 按钮完成拨块的加载，如图 5-90 所示。

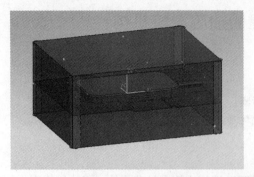

图 5-87

图 5-88

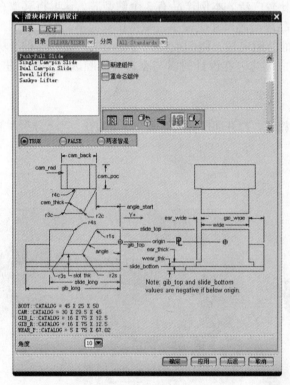

图 5-89

图 5-90

6）加载完成的滑块如图 5-91 所示。查看加载的滑块，如果位置不合适可重新单击"滑块和浮升销"按钮进行参数修改，如果位置有偏差，可单击"重定位"按钮，进行重新定位。

7）选择滑块体并单击鼠标右键，在弹出的快捷菜单中单击"设为工作部件"，"注塑模向导"项目是装配结构，要修改部件必须将其设为工作部件，如图 5-92 所示。

8）隐藏型芯、型腔和产品体。单击"拉伸"按钮，并单击滑块端面创建草图，进入草图模式，如图 5-93 所示。

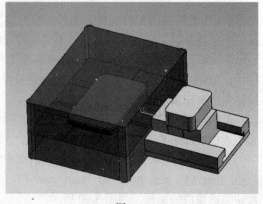

图 5-91

图 5-92

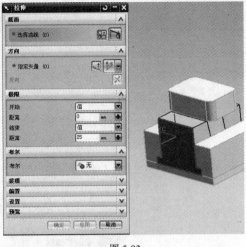

图 5-93

9）在草图模式下，显示产品体，并设置"渲染方式"为"局部着色"，如图 5-94 所示。

单击"投影曲线"按钮，并单击 3 个侧孔的轮廓线，然后单击"确定"按钮创建 3 个孔在草图平面的投影线。

10）单击"矩形"按钮，在草图平面绘制一个矩形，尺寸和位置按如图 5-95 所示标识进行设置。

图 5-94

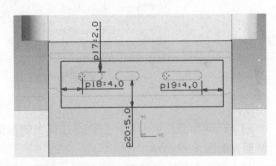

图 5-95

11）单击"转换至/自参考对象"按钮，将 3 段投影线转换为自参考对象，如图 5-96 所示。

12）单击"完成草图"按钮，回到"拉伸"对话框。设定"开始"距离为"0"mm；"结束"设置为"直到被延伸"，"选择对象"设为型腔内腔表面（产品外表面）；"布尔"设置为"求和"，"选择体"为滑块体。最后单击"确定"按钮完成滑块头创建，如图 5-97 所示。

13）单击工具栏上的"边倒圆"按钮，在弹出的对话框中设置"Radius 1"值为"2"mm。单击滑块头的上表面两个侧边，然后单击"确定"按钮完成设置，如图 5-98所示。

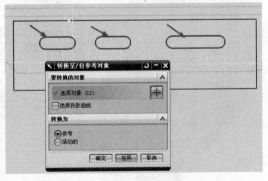

图 5-96

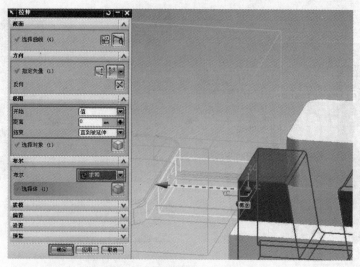

图 5-97

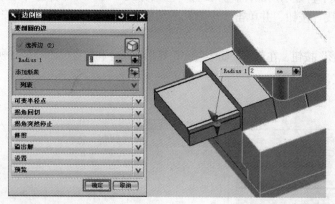

图 5-98

14）选择型腔并单击鼠标右键，在弹出的快捷菜单中单击"设为工作部件"，准备对型腔进行修剪，如图 5-99 所示。

15）单击工具栏中的"求差"按钮，在弹出的对话框中选择型腔为"目标体"，选择滑块为"工具体"，单击"确定"按钮完成对型腔的修剪，如图 5-100 所示。

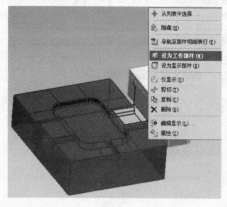

图 5-99

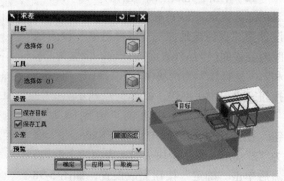

图 5-100

修剪后的型腔如图5-101所示。

16）隐藏型腔，显示型芯部件，设置滑块为"工作部件"，如图5-102所示。

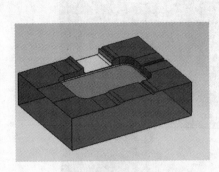

图5-101

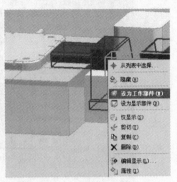

图5-102

17）单击"求差"按钮，设置滑块为"目标体"，设置型芯为"工具体"，单击"确定"按钮完成滑块头的修剪，如图5-103所示。

18）修剪完成的滑块头如图5-104所示，其中加深显示的即为修剪后的表面。

19）隐藏型芯并显示产品体，如图5-105所示。

20）调用"拉伸"命令，选择3个侧孔轮廓线为"截面曲线"，在"方向"中的"指定矢量"下拉列表中选择"-Y"轴。设置"开

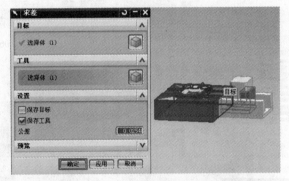

图5-103

始"距离为"0"mm，设置"结束"距离为"5"mm；"布尔"设为"求和"，"选择体"为滑块体。单击"确定"按钮完成侧型芯创建，如图5-106所示。

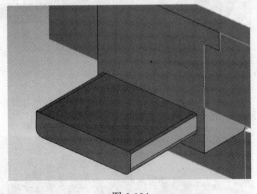

图5-104

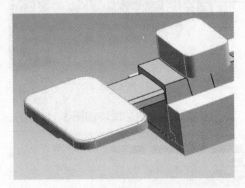

图5-105

创建好的滑块和侧型芯如图5-107所示。

21）滑块头创建好以后，还需要将型芯上的侧型芯修剪去掉，设置型芯为"工作部件"，如图5-108所示。

22）单击工具栏中的"求差"按钮，单击型芯部件为"目标体"，选择滑块为"工具体"。单击"确定"按钮完成修剪，如图5-109所示。

修剪后的型芯如图5-110所示，可见侧型芯已被修剪去掉。

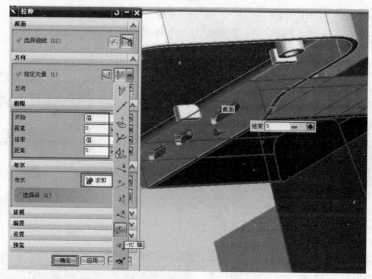

图 5-106

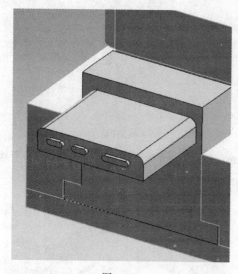

图 5-107

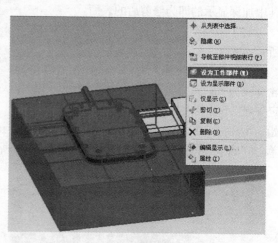

图 5-108

23）完成后的侧抽芯滑块如图 5-111 所示。保存全部文件，完成本实训任务。

图 5-109

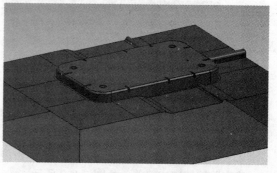

图 5-110

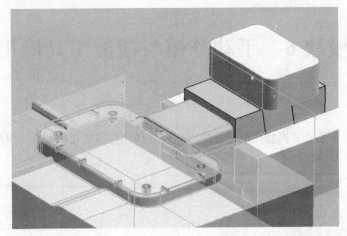

图 5-111

习　题

　　将下列已经分模的产品加载合适的模架，并加载定位环、主流道衬套、推杆、拉料杆、复位杆、支撑柱、边锁等标准件，设计合适的流道、浇口和冷却水管系统，如图 5-112 和图 5-113 所示（文件存储路径 " :\ugsx\mk5-xt\"）。

图 5-112

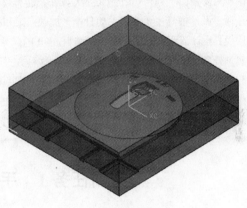

图 5-113

模块6　手动分模与胡波工具应用

模块简介

　　由于注塑模向导采用装配结构，模架和标准件都采用全参数形式加载，文件的管理和部件的编辑都较为复杂，对设计人员的 UG NX 操作技能有较高要求，因此在企业中使用这种方式设计模具比较少。企业中设计模具主要使用手动分模，加载模架和标准件主要使用胡波工具。本模块就是按照企业中常用模具设计流程安排实训任务。实训任务 1 的产品主体是旋转体，采用建模方式即可创建出型芯和型腔。实训任务 2 采用注塑模向导辅助分模，这种方式不进行项目初始化，只使用分型工具，得到型芯、型腔区域后手动创建工件，通过修剪体与布尔求差得到型芯、型腔。实训任务 3 ~ 5 是使用胡波工具加载模架与其他标准件。手动分模无法使用 MW 加载模架、标准件，必须手动建模或使用其他工具加载，胡波工具正好满足这一需求。胡波工具采用非参数关联方式，加载简便，管理容易，应用非常广泛。

实训任务 1　手动分模实例（一）

1. 任务目标

- 熟练掌握 UG NX 主要建模命令，并会灵活运用。
- 掌握型芯、型腔区域划分原则，能合理确定分型线和分型面。
- 掌握创建曲面手动补孔的方法。
- 能根据设计需要确定工件（模仁）尺寸。
- 能使用建模方法准确创建型芯、型腔实体。
- 掌握创建型芯、型腔定位机构的方法步骤。

2. 任务分析

　　本实训任务产品为一个回转体零件，如图 6-1 所示，采用完全手动建模方式创建型芯和型腔。这个产品分模的难点在于 4 个破孔位置的修补，如果处理不好会出现"倒扣"，就需要创建滑块抽芯机构。操作中通过"回转"命令创建回转面来手动补孔就能避免出现"倒扣"。产品分型面比较简单，在同一平面上，在分型上没有详细指定分型线、分型面，而是直接创建出型芯实体，再通过布尔运算得到型腔实体。这个模具是一模四穴，使用移动镜像方式排列好,最后还要将型芯、型腔分别合并，创建定位面。

图 6-1

3. 任务操作步骤

1）启动 UG NX 软件，打开实训文件 ":\ugsx\mk6-sx1\mk6-sx1-001.prt"，如图 6-2 所示。本例部件分模，我们采用手动分模，用建模法创建型芯和型腔。分模之前需要检查产品实体有无问题，有无破面和拔模设置是否合适。

2）分模之前，首先要设置缩放率，单击工具栏中的"缩放体"按钮，在弹出的对话框中设定"类型"为"均匀"，"比例因子"为"1.005"；单击"确定"按钮完成收缩率设定，如图 6-3 所示。

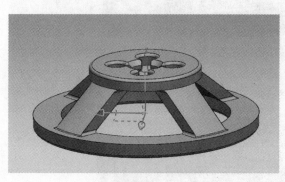 

图 6-2　　　　　　　　　　　　　　　　　　图 6-3

3）通过对产品几何形态分析，如图 6-4 所示的面都要进行分割，外侧部分要放到型腔区域，内侧部分放到型芯区域。要分割就要先建立分割线。首先单击"基准平面"图标，在弹出的对话框后单击如图 6-4 所示平面，然后单击"确定"按钮完成基准平面的创建。

4）在工具栏中单击"直线"图标，在弹出的对话框中设置"支持平面"为前一步骤创建的基准平面。然后在"起点"选项组中单击"点构造器"按钮，如图 6-5 所示。

5）在"点"对话框中，设置"类型"为"交点"。然后依次单击图示圆弧与基准平面。单击"确定"按钮完成起点设置，如图 6-6 所示。

6）使用同样方法创建直线终点（基准平面与内侧圆弧的交点）。单击"确定"按钮完成直线创建，如图 6-7 所示。

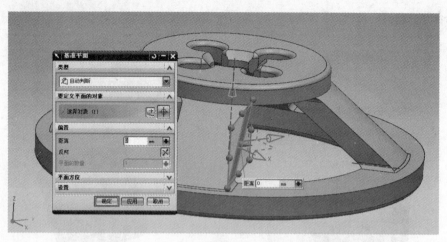

图 6-4

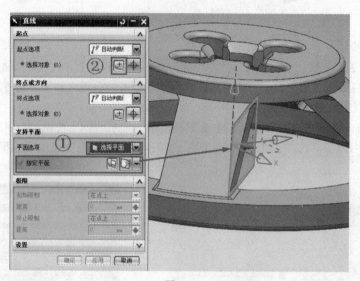

图 6-5

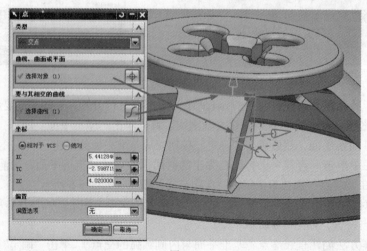

图 6-6

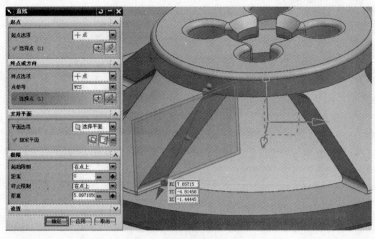

图 6-7

7）单击"回转"图标，在"回转"对话框中设定"截面"曲线为上一步创建的直线。"轴"选定为"Z轴"；"极限"按默认从"0"到"360"；"布尔"设为"无"；单击"确定"按钮完成，如图 6-8 所示。

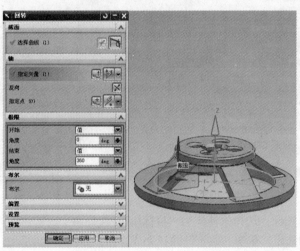

图 6-8

8）单击工具栏中的"拉伸"图标，直接单击 XOY 平面创建草图。在草图模式中创建正方形，各部分尺寸和位置如图 6-9 所示。单击"完成草图"回到"拉伸"对话框。

9）在"拉伸"对话框中设置"方向"为"Z+"轴方向，在"极限"选项组中设置"开始"距离为"－20"mm；"结束"距离为"0"mm；"布尔"设为"无"；单击"确定"按钮完成操作，如图 6-10 所示。

10）单击"回转"图标，如图 6-11 所示，在"回转"对话框中设定"截面"曲线为图示圆弧。"轴"选定为"Z轴"；"极限"按默认从"0"到"360"；"布尔"设为"无"；单击"确定"按钮完成。

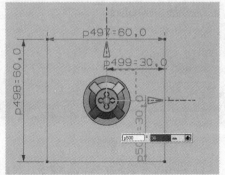

图 6-9

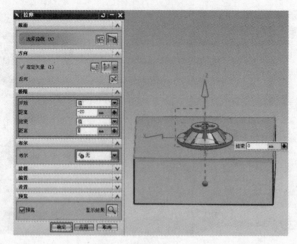

图 6-10

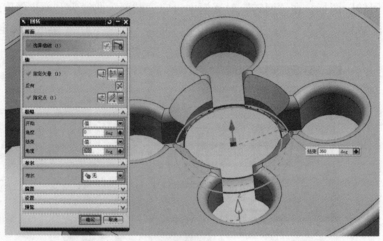

图 6-11

11）单击"求和"图标，选择拉伸体为"目标体"；选择两个回转体为"工具体"；"设置"中去掉对"保存工具"的选定。单击"确定"按钮完成操作，如图6-12所示。

12）单击"求差"图标，单击上一步求和实体作为"目标体"；单击产品作为"工具体"；在"设置"中选中"保存工具"复选框。单击"确定"按钮完成型芯的创建，如图6-13所示。

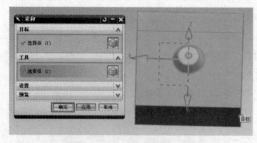

图 6-12

图 6-13

13）调用"对象显示编辑"命令，将产品实体隐藏。可查看得到的型芯，如图6-14所示。

14）调用"拉伸"命令，选择型芯上表面外边缘线作为拉伸"截面曲线"；设定"方向"为"Z+"

轴方向。在"极限"选项组中，设置"开始"距离为"0"mm，"结束"距离为"25"mm。"布尔"设为"无"。单击"应用"按钮完成型腔毛坯的创建，如图 6-15 所示。

图 6-14

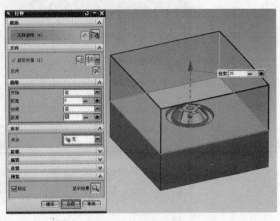

图 6-15

15）调用"求差"命令，选择型腔毛坯为"目标体"，选择型芯实体和产品实体为"工具体"，在"设置"中选中"保存工具"复选框；单击"确定"按钮完成型腔的创建，如图 6-16 所示。

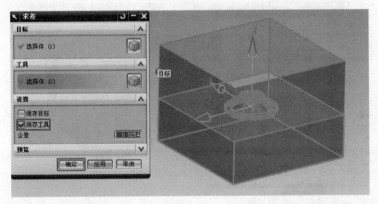

图 6-16

创建完成的型腔如图 6-17 所示。

16）本产品体积较小，结构也较为简单，所以模具需要做成一模多穴的形式。所以模仁尺寸需要调整一下。单击"偏置区域"图标，单击"-X"轴方向端面，设定"偏置距离"为"10"mm。

单击"应用"按钮完成设置，如图 6-18 所示。使用同样方法设定 Y 轴方向端面也向内偏置 10mm。

17）单击"基准平面"图标，单击刚刚偏移的平面依次创建两个基准平面，如图 6-19 所示。

18）单击"镜像体"图标，选择创建好的型芯、型腔和产品。然后分别选择上一步骤创建好的两个基准面进行镜像复制，完成一模四穴布局，如图 6-20 所示。

图 6-17

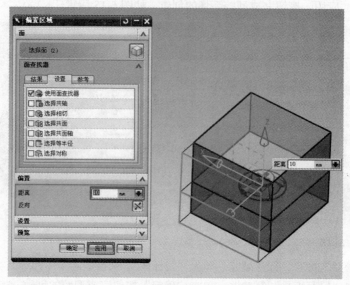

图 6-18

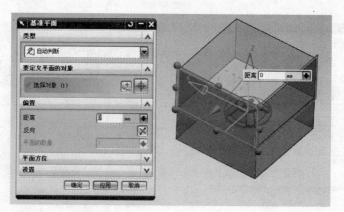

图 6-19

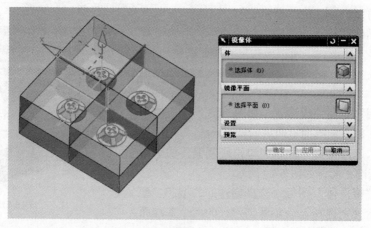

图 6-20

19）单击"编辑"→"特征"→"移除参数"命令，选择所有实体，单击"确定"按钮移除参数，如图6-21所示。

移除参数后，所有特征将不能再编辑，各个对象都转换成体。移除参数的目的是下一步进行移动操作。

20）单击"移动"图标，在"对象"中选取12个实体。"运动"设置为"距离"。"矢量"选择为"X"轴方向。"距离"设为"20"mm。在"结果"中选中"移动原先的"单选按钮。单击"应用"按钮完成移动，如图6-22所示。

21）再次使用"移动"命令沿"−Y"轴方向移动20mm。这样，坐标原点就正好在4个部件的中心，如图6-23所示。以上操作也可以通过重新调整坐标系完成。

22）调用"编辑对象显示"命令，分别设置型芯、型腔和产品颜色，如图6-24所示。

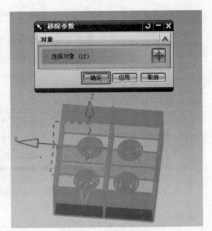

图 6-21

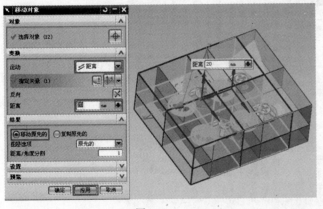

图 6-22

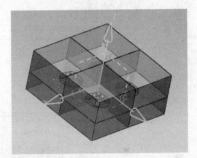

图 6-23

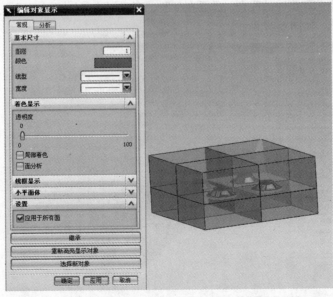

图 6-24

23）调用"求和"命令。将4个型芯和4个型腔分别求和，如图6-25所示。

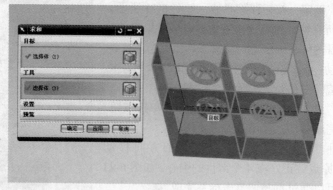

图 6-25

24）将完成好的型芯、型腔和产品使用"图层移动"命令放置在第8、7、5层，如图6-26所示。

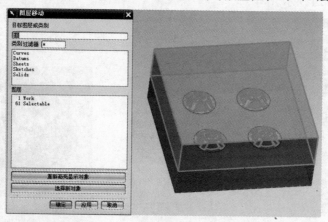

图 6-26

25）为了保证型芯和型腔的配合，需要在型腔、型芯创建定位面。调用"拉伸"命令，选择型芯分型面创建草图，如图6-27所示。

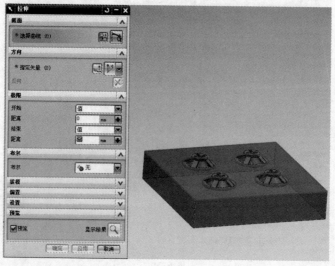

图 6-27

26）在草图模式下绘制如图 6-28 所示位置和尺寸的四边形。

27）在"拉伸"对话框中设置"开始"距离为"0"mm；"结束"距离为"8"mm；单击"确定"按钮完成拉伸，如图 6-29所示。

28）单击"拔模"图标，设置 Z 轴方向为"脱模方向"；"固定面"选择型腔分型面；"要拔模的面"单击如图 6-30 所示内侧两个面。"角度"设置为"15"deg；单击"确定"按钮完成设置。

29）单击"边倒圆"图标，设置"Radius 1"值为"3"mm；单击如图 6-31 所示的边；最后单击"确定"按钮完成设置。

30）调用"镜像体"命令，将创建好的实体复制到 4 个角上，如图 6-32 所示。

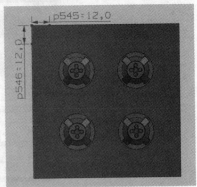

图 6-28

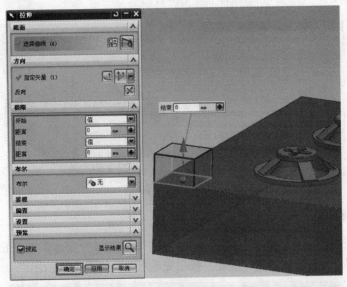

图 6-29

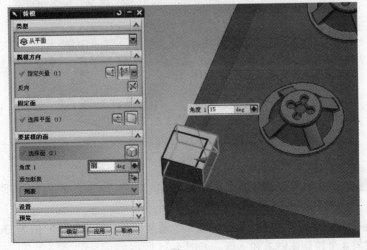

图 6-30

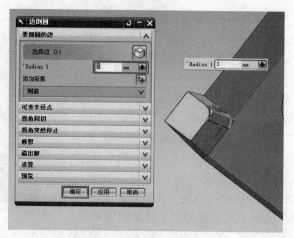

图 6-31

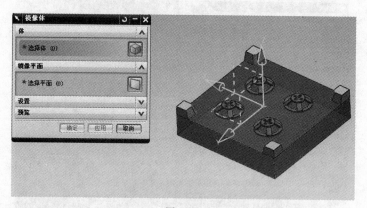

图 6-32

31）调用"求差"命令，选择型腔作为"目标体"，选中 4 个实体作为"工具体"；在"设置"中选中"保存工具"复选框；单击"确定"按钮完成求差，如图 6-33 所示。

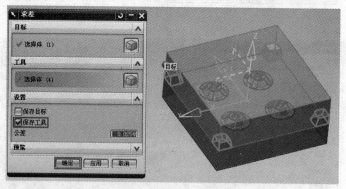

图 6-33

32）调用"偏置区域"命令，选中 4 个实体的顶面。"方向"设为"－Z"方向；"距离"为"0.5"mm，如图 6-34 所示。

33）单击"调整圆角大小"图标，选中型腔 4 个圆角位置，修改"半径"值为"3.5"mm。使用"求和"命令将型腔与 4 个拉伸体做求和运算，如图 6-35 所示。

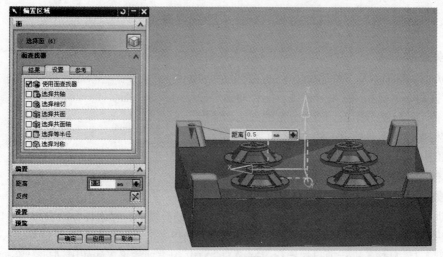

图 6-34

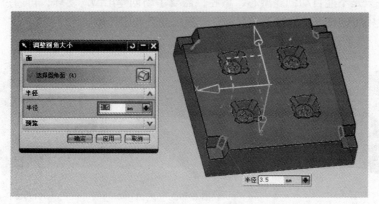

图 6-35

34）完成好的模仁和产品如图 6-36 所示。保存文件，完成本任务。

图 6-36

实训任务 2　手动分模实例（二）

1. 任务目标

● 熟练掌握 UG NX 主要建模命令，并会灵活运用。

● 掌握型芯、型腔区域划分原则，能合理确定分型线和分型面。

● 掌握 UG MW 分型工具辅助分型的方法和捕捉。

● 能根据设计需要确定工件（模仁）尺寸。

● 能使用建模方法准确创建型芯、型腔实体。

● 掌握一模多穴型腔布局方法。

2. 任务分析

本实训任务产品在模块四实训中是使用 UG MW 自动分模的。在本任务中，改为采用手动建模方式创建型芯和型腔，如图 6-37 所示。与本模块实训任务 1 有所区别，在分型时仍然使用 UG MW 的分型工具，只是不进行项目初始化，这样 UG MW 很多功能将不能使用，但是"分型管理器"仍然可以使用，只是不能自动创建型芯、型腔，需要手动创建出型芯实体，再通过布尔运算得到型腔实体。企业中将这种方式称为"半自动"分模，在企业中使用非常广泛。

图 6-37

3. 任务操作步骤

1）启动 UG NX 软件，打开实训文件 ":\ugsx\mk6-sx2\mk6-sx2-001.prt"，如图 6-38 所示。本例部件分模，我们采用注塑模向导辅助手动分模，使用注塑模向导的分模工具进行型芯区域、型腔区域的创建，手动创建型芯和型腔。分模过程中不创建装配。分模之前，首先要设置缩放率，单击工具栏中的"缩放体"图标，设定"类型"为"均匀"；"比例因子"为"1.005"；单击"确定"按钮完成收缩率的设定。

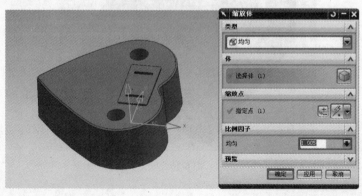

图 6-38

2）启动注塑模向导模块，单击"分型"，在弹出的"分型管理器"对话框中单击"设计区域"按钮，如图 6-39 所示。

3）在弹出的"MPV 初始化"对话框中，选中"保持现有的"单选按钮，单击"确定"按钮进入下一步，如图 6-40 所示。

图 6-39

图 6-40

4）在弹出的"塑模部件验证"对话框中，单击"面"选项卡。设置"拔模角限制"为"1"；选中"正的"复选框；单击"设置所有面的颜色"按钮；拖动"选定面的透明度"中的滑块查看各个面的颜色变化，这样可以帮助我们查看选定面处于型芯还是型腔剖分，以帮助我们进行分型操作。对于在分型时，一部分要划分到型腔区域，另一部分要划入型芯区域的面要进行面拆分。单击"面拆分"按钮，如图 6-41 所示。

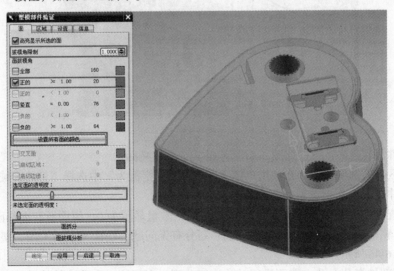

图 6-41

5）在弹出的"面拆分"对话框中，单击上表面凹槽侧面，接着在"选择步骤"下选择"选择基准平面"图标；在"基准平面方法"中选中"点 + 点"单选按钮，选中图 6-42 中两条线，可生成基准平面，单击"确定"按钮完成分割。用同样方法将其他 3 个侧面分割。

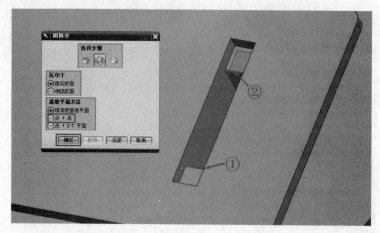

图 6-42

6）单击"塑模部件验证"对话框中的"区域"选项卡，单击"设置区域颜色"按钮。在"用户定义区域"下的"指派为"中选中"型腔区域"单选按钮，然后依次单击如图 6-43 所示的几个未定义面并将其指派为型腔区域，单击"应用"按钮完成设置。

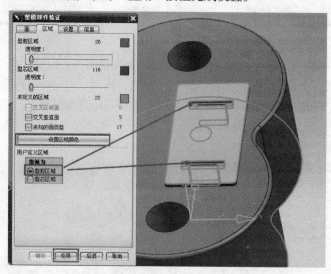

图 6-43

7）将部件翻转过来，选中如图 6-44 所示的几个未定义面。

8）在"区域"选项卡中，在"用户定义区域"的"指派为"中选择"型芯区域"单选按钮，将步骤 7）选中的几个面指派到型芯区域，如图 6-45 所示。

9）这时查看"区域"选项卡，"未定义的区域"数量显示为 0，说明所有面都已经被指派到型芯区域和型腔区域了。再次查看型腔、型芯划分有无问题，确认无误后关闭"塑模部件验证"对话框，如图 6-46 所示。

10）本例部件有几个孔，需要进行补片才能分型。由于这 4 个孔比较简单，在划分好型腔、型芯区域后直接用"自动孔补片"工具即可完成。在"分型管理器"中单击"创建/删除曲面补片"按钮，在"自动孔补片"对话框中单击"自动修补"按钮，即可完成自动补片，如图 6-47 所示。

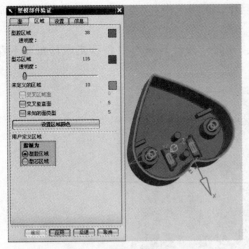

图 6-44

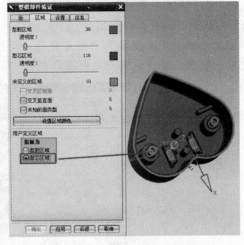

图 6-45

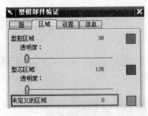

图 6-46

图 6-47

11）在"分型管理器"中单击"定义区域"按钮，在"定义区域"列表中选中"所有面"；在"设置"中选中"创建区域"和"创建分型线"复选框。单击"确定"按钮创建好型腔区域和型芯区域，并将分型线一起创建完成，如图 6-48 所示。

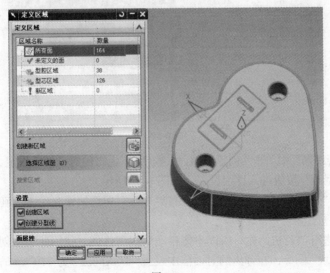

图 6-48

12）在"分型管理器"的"分型对象"的项目中，可以选中"型芯"选项，在视图窗口就可以查看型芯面，如图 6-49 所示。

提示： 在"定义区域"中定义型芯、型腔，是将"设计区域"中指派完成的型芯和型腔面自动抽取出来并存放到指定图层当中。

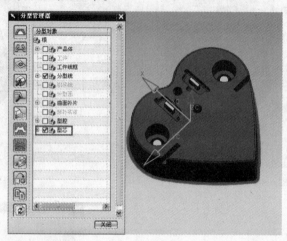

图 6-49

13）在"分型管理器"的"分型对象"的项目中，选中"型腔"选项，在视图窗口就可以查看型腔面，如图 6-50 所示。

提示： 本例由于分型线在同一平面，不需要设置引导线可跳过这一步，直接创建分型面即可。

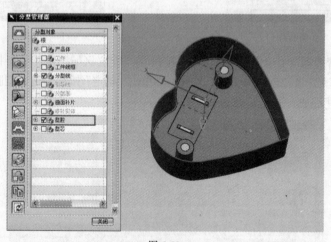

图 6-50

14）在"分型管理器"中单击"创建分型面"按钮，在弹出的对话框中设定"距离"值为"60"，然后单击"创建分型面"按钮进入详细设置，如图 6-51 所示。

15）在弹出的"分型面"对话框中选择"有界平面"单选按钮，单击"确定"按钮完成分型面创建，如图 6-52 所示。

16）由于没有进行项目初始化，所以不能自动生成工件体。我们要手动创建工件。单击"注塑模工具"中的"方块"图标，在弹出的对话框中设置"默认间隙"为"20"mm；单击产品各个面，最后单击"确定"按钮完成工件设置，如图 6-53 所示。

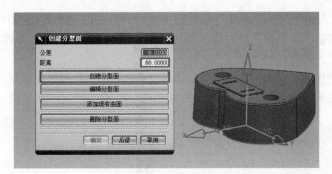

图 6-51

图 6-52

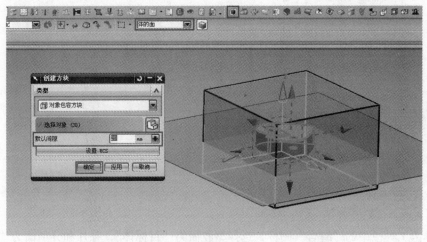

图 6-53

17）为了分别创建型芯和型腔，需要复制一个方块。单击"复制至图层"图标，选中创建完成的方块。在"图层复制"对话框的"目标图层或类别"文本框中输入"17"，然后单击"确定"按钮完成设定。单击"图层设置"图标，关闭第 17 层，如图 6-54 所示。

18）单击"移动至图层"图标，选中方块。在"图层移动"对话框的"目标图层或类别"文本框中输入"18"，然后单击"确定"按钮完成设定，如图 6-55 所示。

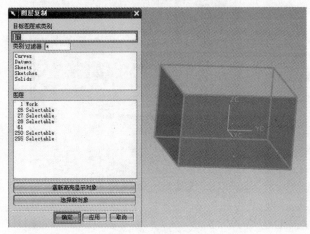

图 6-54

图 6-55

19）单击"图层设置"图标，在弹出的"图层设置"对话框中可以查看各图层设置。其中26 ~ 28层是使用"分型管理器"创建型芯和型腔区域时自动创建的，分别用于存放型芯、型腔和分型面。关闭第17层，打开第18层，如图6-56所示。

20）在"分型管理器"中选中型腔区域。调用"移除参数"命令，选中方块型腔面和分型面、4个补片。在对话框中单击"确定"按钮，在弹出的对话框中再次单击"确定"按钮移除参数，如图6-57所示。

图 6-56

图 6-57

21）单击工具栏中的"缝合"图标，选择型腔面为"目标体"，补片和分型面为"工具体"，最后单击"确定"按钮完成，如图6-58所示。

22）单击工具栏中的"修剪体"图标，在弹出的"修剪体"对话框中设定方块为"目标体"，选择缝合的片体为"工具体"，单击"确定"按钮完成修剪，如图6-59所示。

提示： 如果方向反了，要单击"修剪体"对话框中的"反向"按钮，修改后再单击"确定"按钮。

图 6-58

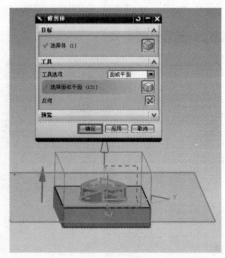

图 6-59

23）完成修剪后就得到型芯实体，如图 6-60 所示。

24）在"图层设置"对话框中打开第 17 层。单击"求差"图标，在"求差"对话框中选择方块为"目标体"，选择步骤 23）完成的型芯为"工具体"，在"设置"选项组中选中"保存工具"复选框，单击"确定"按钮完成设置，如图 6-61 所示。

图 6-60

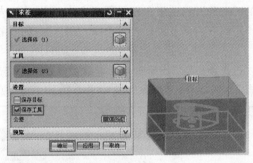

图 6-61

25）调用"图层设置"命令，关闭第 18 层。求差后得到型腔实体，如图 6-62 所示。

26）将 17、18 层全部打开，调用"对象显示编辑"命令，分别设置型芯、型腔和产品的颜色，并将型芯、型腔透明度设置为"50"，效果如图 6-63 所示。

图 6-62

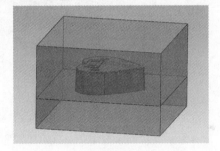

图 6-63

27）本产品模具设计一模两穴，所以需要调整模仁尺寸。单击"同步建模"中的"线性尺寸"图标，分别单击型腔体顶面两边，修改距离为"80"mm，如图 6-64 所示。将型芯部分也进行同样调整。

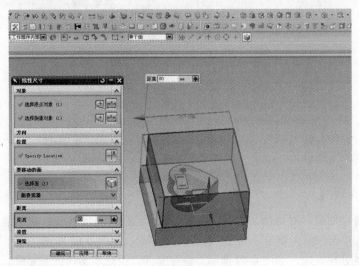

图 6-64

28）使用"移动"命令得到另一侧型芯、型腔和产品。先使用"移除参数"命令，选中所有实体移除参数，完成后再次移除参数，如图6-65所示。

29）为了正确加载模架，我们需要将坐标系设置在中心位置。单击"移动对象"命令，在弹出的"移动对象"对话框的"对象"选项组中选择所有实体；"运动"选择"距离"，在"距离"右侧下拉列表中选择"测量"，如图6-66所示。

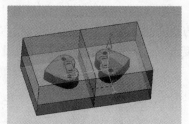

图 6-65

30）在弹出的"测量距离"对话框中，将"类型"设置为"投影距离"；"指定矢量"设置为X方向；"起点"选择为原点（0，0，0）；"终点"选中重叠边的中点。单击"确定"按钮完成测量，如图6-67所示。

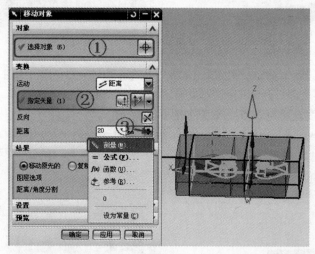

图 6-66

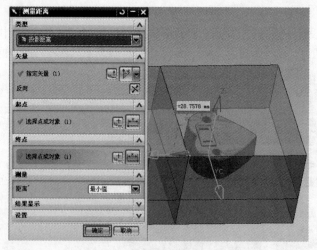

图 6-67

31）回到"移动对象"对话框，这时"距离"值已经自动显示出来；在"结果"选项组中选择"移动原先的"单选按钮，单击"确定"按钮完成移动，如图6-68所示。

32）本例手动分模完成，如图6-69所示。保存文件，至此本实训任务完成。

图 6-68

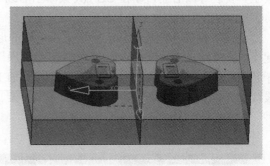

图 6-69

实训任务 3　使用胡波工具加载模架

1. 任务目标

● 掌握模具设计的基本流程。

● 熟悉各类典型模架的结构特点和参数含义。

● 能根据模仁尺寸和设计要求合理选择模架。

● 熟悉胡波工具的操作方式和参数设置方式。

● 掌握胡波工具加载标准模架的步骤和参数设置方法。

● 掌握胡波工具开框的方法。

● 掌握标准螺钉的加载方法和操作步骤。

2. 任务分析

本实训任务是对一个已经手动分模完成的产品，进行加载标准模架，如图 6-70 所示。由于手动分模没有进行项目初始化，也就是没有建立装配结构，因此是不能使用 UG MW 加载模架的。由于胡波工具采用组件形式，不需要建立装配结构，所以可以采用胡波工具加载标准模架。胡波工具没有采用参数关联设计，每个模具部件都是组件的形式，模具设计文件只有一个主文件，方便管理，操作也较为简单。正是因为它功能较强又容易上手，所以在工厂中应用广泛。胡波工具使用时与 UG MW 类似，同样要选择模架型号，模架加载之后需要在模架上修剪出固定模仁的腔体，并要加载固定模仁的螺钉。操作时需注意胡波工具加载模架是不支持修改参数的，如果有问题可将模架删除重新加载。

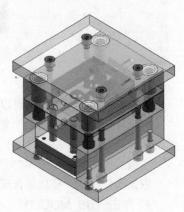

图 6-70

3. 任务操作步骤

1）启动 UG NX 软件，打开实训文件 ":\ugsx\mk6-sx3\mk6-sx3-001.prt"。这是一个已经完成

分型的产品，如图6-71所示。一模四穴，型芯、型腔都已经创建好。本实训任务要根据模仁尺寸，加载合适的模架。

2）由于使用手动分模没有进行项目初始化，所以不能使用注塑模向导加载模架。当前国内模具企业多数都使用胡波工具来加载模架和标准件。胡波工具安装好以后会自动在UG NX菜单上加载"HB_MOULD"菜单，如图6-72所示。

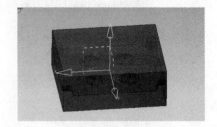

图6-71

胡波工具的功能比较多。由于采用组件的形式构建模具，所以胡波工具适用于手动分模。组件操作相对于装配操作要简便很多，当下很多中小型模具加工企业设计人员都使用"手动分模+胡波工具加载模架、标准件"的模式设计模具。

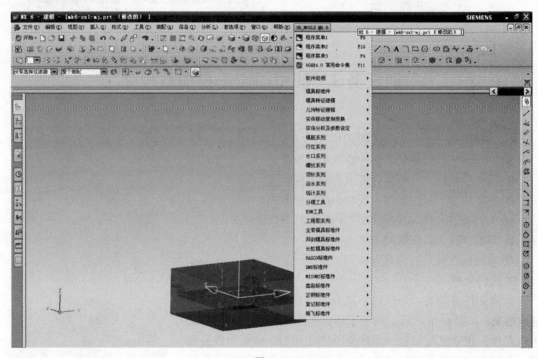

图6-72

胡波工具除了菜单外还可以调出如图6-73所示的工具栏。

3）单击"HB_MOULD"菜单中的"统计系列"→"定料BOM"命令查看模仁的几何尺寸，如图6-74所示。

本例的模仁尺寸如图6-75所示。

根据模仁尺寸，要选取合理的模架。目前国内模具企业用的模架主要是以"龙记"为主。

4）单击"HB_MOULD"→"模坯系列"→"龙记"命令，开始选择模架，如图6-76所示。

5）在弹出的对话框中单击"新建模坯"按钮，如图6-77所示。

6）在弹出的"龙记标准模坯"对话框中选择"大水口""CI""1518"；设置"A板"为"50"，"B板"为"40"，"C板"为"70"；其他参数默认。单击"OK"按钮开始加载模架，如图6-78所示。

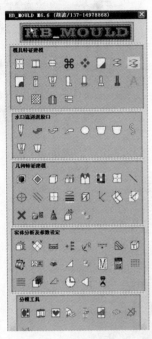

图 6-73

图 6-76

图 6-74

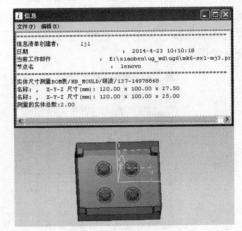

图 6-75

图 6-77

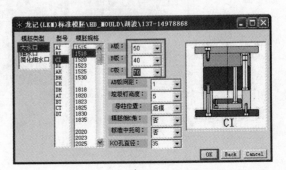

图 6-78

加载模具后如图 6-79 所示。需要说明的是，模架加载是根据产品坐标系加载的，所以加载模架之前一定要将模仁的坐标设置好。与注塑模向导加载模架不同，已经加载的模架不能重新调整参数。如果加载不合适，可撤销或手动删除。

7）调用"编辑对象显示"命令将各块板的透明度设为"50"，如图 6-80 所示，以便于查看。

8）胡波工具加载模架后会自动创建图层类别，各组件会分别放到不同图层中。使用"图层设置"命令和查看不同组件放置的图层位置，如图 6-81 所示。后续创建的组件也要放置到合适的图层中。

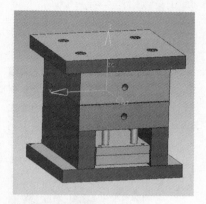

图 6-79

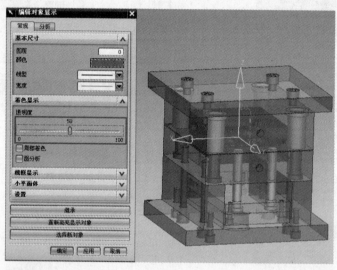

图 6-80

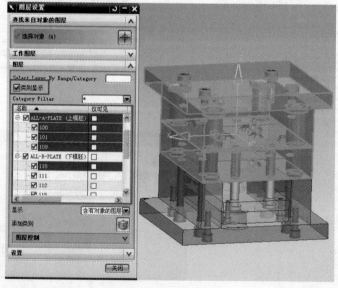

图 6-81

9）加载模架后需要在 A 板、B 板上创建固定模仁的腔体，称为开框。胡波工具有专门的"开框"命令。单击"HB_MOULD"→"模具特征建模"→"开框"命令，在弹出的如图 6-82 所示对话框中直接单击"确定"按钮进入下一步设置。

图 6-82

10）根据状态行提示先要选定模仁，这里先选中上面的型腔部分。单击"确定"按钮进入下一步设置，如图 6-83 所示。

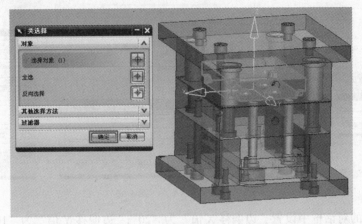
图 6-83

11）在弹出的对话框中单击"圆角型"按钮，进入下一步设置，如图 6-84 所示。

提示： 这里选择哪一种应根据模仁与A板尺寸确定。"清角型"需要模仁周围有足够空间。

12）在弹出的对话框中，设置"圆角半径"为"10"；其他参数不必修改，单击"确定"按钮完成设置，如图 6-85 所示。

图 6-84

图 6-85

A 板部分开框完成后的效果如图 6-86 所示。

13）使用同样方法完成 B 板的开框。为方便查看可以关闭上模部分图层，如图 6-87 所示。

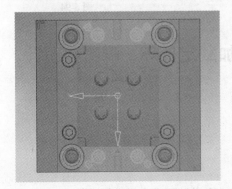
图 6-86

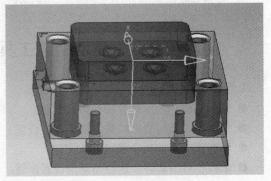
图 6-87

14）开框后需添加模仁的固定螺钉。单击"HB_MOULD"→"螺丝系列"→"快速螺丝"命令，在弹出的对话框中单击"底面选择式"按钮，如图6-88所示。

15）在弹出的对话框中，单击前模仁顶面，如图6-89所示。

16）在接下来弹出的对话框中单击"公制"按钮，如图6-90所示。

17）在弹出的对话框中单击"M6"按钮，如图6-91所示。

18）在"内六角螺丝数量"对话框中单击"4 PCS"按钮，如图6-92所示。

图 6-88

图 6-89

图 6-90

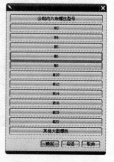

图 6-91

19）在弹出的对话框中设置"边偏移 X 值"为"20"；"边偏移 Y 值"为"10"。设置时将模仁实体对正视图，以便于查看螺钉位置。单击"确定"按钮后，关闭对话框完成前模仁固定螺钉加载，如图6-93所示。

20）使用相同方法完成后模仁固定螺钉的加载，如图6-94所示。完成操作后保存文件，完成模架的加载。

图 6-92

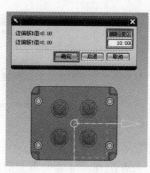

图 6-93

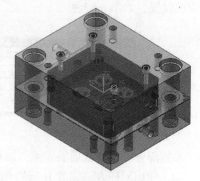

图 6-94

实训任务4　使用胡波工具加载定位环、唧嘴和顶针

1. 任务目标

● 掌握定位环的加载方法和参数设置。

● 掌握主流道衬套的加载方法和参数设置。

● 掌握顶针的加载步骤和参数设置。

● 掌握顶针的修剪、定位与避空设置步骤。

● 熟悉各个标准件的参数含义，能根据产品尺寸和设计要求合理选择参数。

2. 任务分析

本实训任务在任务3的基础上使用胡波工具加载定位环、唧嘴（主流道衬套）和顶针（推杆），如图6-95所示。需要注意的是，胡波工具主要是在工厂中使用，所以涉及模具的术语都是广东工厂术语，与国家模具标准名称有较大区别，要理解这些工厂术语的含义以免出现歧义。胡波工具加载过程有示意图帮助理解参数含义，是比较直观的，按照提示就可以完成操作。加载顶针时要注意胡波工具会自动加载点的坐标值，有时可能会干扰设计意图，需要多加注意，在确认时要调整回来。

胡波工具中除了加载模架、标准件的功能之外，还有很多非常实用的特征建模指令，学员可以自己探索一下，利用好这些指令可以极大提高设计效率。

图 6-95

3. 任务操作步骤

1）启动 UG NX 软件，打开实训文件":\ugsx\mk6-sx4\mk6-sx4-001.prt"，如图6-96所示。上次加载了模架，并进行开框和加载固定螺钉。本实训任务要继续加载定位环、唧嘴（主流道衬套）和顶针。

2）单击"HB_MOULD"→"模具标准件"→"定位环"命令，弹出"标准定位环"对话框，如图6-97所示。这里有4种类型的定位环，本例模具属于小型模具，选B型较为合适。单击"B型定位环"区域进入下一步设置。

3）在对话框中设置参数，如图6-98所示。设定完成后单击"OK"按钮进行加载。

4）在弹出的坐标设置对话框中按默认原点坐标进行加载。单击"取消"按钮退出设置，如图6-99所示。

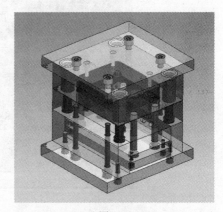

图 6-96

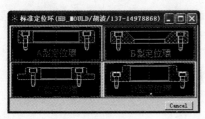

图 6-97

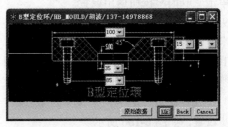

图 6-98

5）单击"HB_MOULD"→"模具标准件"→"唧嘴"命令，弹出"标准唧嘴"对话框，单击"B型唧嘴"区域，进入下一步设置，如图6-100所示。

注意： 唧嘴，又称灌嘴。因软件中文字不统一，正文中统一用唧嘴。

6）在弹出的对话框中单击"唧嘴放置于面板"按钮，如图6-101所示。

图6-99

7）在弹出的"标准唧嘴"对话框中设置各个参数，如图6-102所示，单击"OK"按钮进行加载。

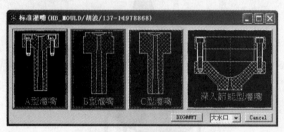

图6-100

图6-101

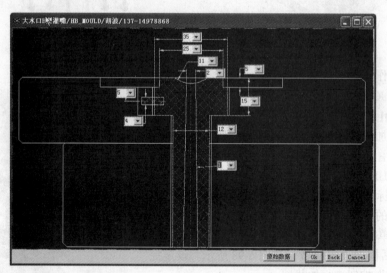

图6-102

8）在弹出的对话框中按默认原点坐标进行加载，单击"确定"按钮加载，如图6-103所示，然后单击"取消"按钮退出设置。

9）加载完成的唧嘴如图6-104所示。注意：主流道部分实体默认是保留的，先不要删除，后续求差、创建腔体时还需要。

10）单击"HB_MOULD"→"顶针系列"→"顶针"命令，在弹出的对话框中单击"单点式公制顶针"按钮。这里也可以采用"多点式公制顶针"，如图6-105所示。

11）在弹出的"点"对话框中设置：XC= – 9.5，YC= – 20，ZC=0。单击"确定"按钮进入下一步设置，如图6-106所示。

图 6-103

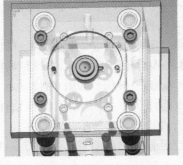

图 6-104

图 6-105

12）在弹出的对话框中查看顶针加载坐标，如图 6-107 所示。需要注意的是，胡波工具会自动取整坐标，原来的设置经常 被修改，如果不想被修改就在对话框中修改后单击"确定"按钮。

13）在弹出的对话框中单击"您是否需另点生成此顶针？是 YES！"按钮，如图 6-108 所示。

图 6-106

图 6-107

图 6-108

'14）按前述步骤，输入其他 3 组坐标，创建顶针。这样一个产品的对应顶针完成。使用对称的坐标输入其他 3 个产品的顶针，如图 6-109 所示。

15）创建好的顶针如图 6-110 所示。

图 6-109

图 6-110

16）单击"HB_MOULD"→"顶针系列"→"顶针避空"命令，在弹出的对话框中单击"手动避空公制顶针"按钮，如图 6-111 所示。

17）在弹出的对话框中，将"下模板避空（双边）="的值设为"2"，"顶针板避空（双边）="的值设为"1"，"顶针高度避空值="的值设为"0"。单击"确定"按钮，如图 6-112 所示。

18）在弹出的"类选择"对话框中，选中所有 16 根顶针，单击"确定"按钮完成避空修剪，如图 6-113 所示。

19）显示 B 板就可以查看已经修剪出的避空孔，如图 6-114 所示。

20）单击"HB_MOULD"→"顶针系列"→"模仁避空"命令，在弹出的对话框中将"胶位预留高度="的值设为"15"，单击"确定"按钮完成设置，如图 6-115 所示。

21）单击"HB_MOULD"→"顶针系列"→"修剪顶针"命令，在弹出的对话框中单击"自动修剪公制顶针"按钮，如图 6-116 所示。

图 6-111

图 6-112

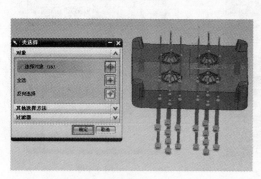

图 6-113

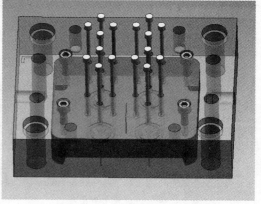

图 6-114

22）在弹出的"类选择"对话框中选择 16 根顶针，单击"确定"按钮完成顶针修剪，如图 6-117 所示。

23）完成修剪后，顶针如图 6-118 所示。

24）单击"HB_MOULD"→"顶针系列"→"顶针定位"命令，在弹出的对话框中单击"顶针削边定位"按钮，如图 6-119 所示。

图 6-115

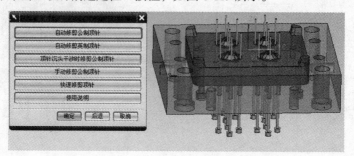

图 6-116

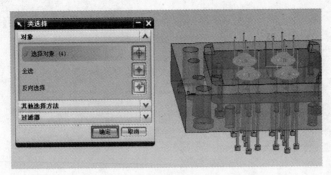

图 6-117

25）在弹出的对话框中，保持"顶针沉头高度间隙值 ="的值为"0"，然后单击"确定"按钮，如图 6-120 所示。

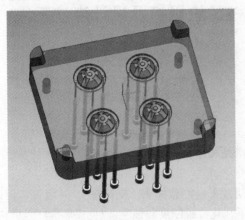

图 6-118

图 6-119

图 6-120

26）在弹出的"类选择"对话框中选择 16 根顶针，然后单击"确定"按钮进入下一步设置，如图 6-121 所示。

27）在弹出的对话框中单击"+X"按钮，如图 6-122 所示。

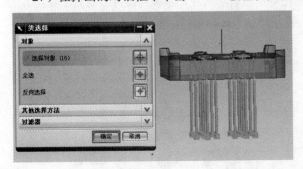

图 6-121

图 6-122

28）显示顶针固定板，创建完成的顶针定位孔如图 6-123 所示。

29）显示所有组件，将后创建的组件整理到相应图层，如图 6-124 所示。保存文件后完成本实训任务。

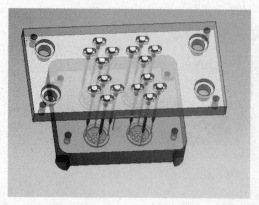

图 6-123

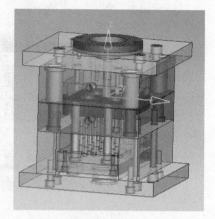

图 6-124

实训任务 5　加载支撑柱、垃圾钉及设计浇注系统

1. 任务目标

● 掌握支撑柱的加载方法和参数设置。

● 掌握垃圾钉的加载方法和参数设置。

● 掌握流道的设计方法和加载步骤。

● 掌握手动设计浇口的方法和操作步骤。

● 熟悉各个标准件的参数含义，能根据产品尺寸和设计要求合理选择参数。

2. 任务分析

本实训任务在任务 4 的基础上继续使用胡波工具加载撑头（支撑柱）、垃圾钉、设计流道和手动创建浇口，如图 6-125 所示。支撑柱是为了强化推板刚度和强度，以免损坏推杆等机构的部件，它与顶针板和顶针底板是避空设计，如果对推出系统的运动精度有较高要求，也可以选择中托司（推板导柱、导套）。垃圾钉（限位钉）是为了保障推板下方的空隙，如果有杂物掉落到这个空间不会影响到推板正常运行。加载垃圾钉一般都是对称位置加载。胡波工具流道设计比较简单，如果要设计复杂形状的流道，就要手动设置。本任务中没有加入冷却系统的设计，胡波工具这方面功能较为单一，一般设计时都是手动操作。有兴趣的学员可以自行练习。

图 6-125

3. 任务操作步骤

1）启动 UG NX，打开实训文件 ":\ugsx\mk6-sx5\mk6-sx5-001.prt"，如图 6-126 所示。本实训任务要继续加载支撑柱、垃圾钉，并创建浇注系统。

2）加载撑头（支撑柱）。单击 "HB_MOULD" → "模具标准件" → "撑头" 命令，在弹出的对话框中设置支撑柱直径为 "15"；固定螺栓型号为 "M6"，如图 6-127 所示，单击 "OK" 按钮进入下一步设置。

3）在弹出的 "点" 对话框中设置：XC=0，YC=60，ZC=0，如图 6-128 所示，单击 "确定"按钮完成设置。

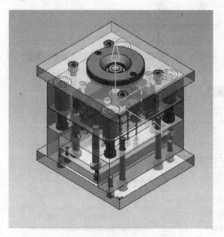

图 6-126

图 6-127

图 6-128

4）在弹出的对话框中设置 "撑头 单边避空值 =" 的值为 "1"，如图 6-129 所示，单击 "确定" 按钮完成设置。

5）在弹出的对话框中，单击 "单个撑头" 按钮，如图 6-130 所示，进入下一步设置。

6）在弹出的对话框中单击 "自动剪切模板？是！YES！" 按钮，如图 6-131 所示，完成撑头加载。

图 6-129

图 6-130

图 6-131

7）用同样方法加载另一侧的撑头，设定加载点的坐标为：XC=0，YC= − 60，ZC=0，如图 6-132 所示。

8）加载垃圾钉。单击 "HB_MOULD" → "模具标准件" → "垃圾钉" 命令，在弹出的对话框中单击 "几何排列式 垃圾钉" 按钮，如图 6-133 所示。

9）在对话框中单击 "STA-D20-PTM6" 按钮，如图 6-134 所示。

10）在 "点" 对话框中，设置坐标：XC=30，YC= − 60，ZC=0，如图 6-135 所示。

11）在弹出的对话框中，选择垃圾钉的固定位置为 "位于下模底板"，如图 6-136 所示。

12）在弹出的对话框中进行坐标确认，单击 "确定" 按钮，如图 6-137 所示，进行下一步设置。

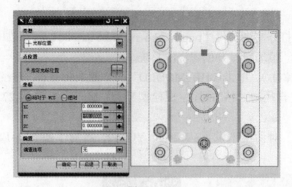

图 6-132

图 6-133

图 6-134

图 6-135

13）在弹出的对话框中单击"X2-Y3"按钮，如图 6-138 所示，将创建 X 方向 2 排、Y 方向 3 排共 6 个垃圾钉。

图 6-136

图 6-137

图 6-138

14）加载后，垃圾钉如图 6-139 所示。

15）加载复位杆弹簧。单击"HB_MOULD"→"模具标准件"→"弹簧"命令，在弹出的对话框中单击"顶针板弹簧"按钮，如图 6-140 所示。

16）在弹出的对话框中单击"回针弹簧"按钮，如图 6-141 所示。

提示：复位杆在工厂一般称为"回针"。

17）在弹出的对话框中设置弹簧各部分的尺寸参数，如图 6-142 所示。各参数按图示设置。

提示：弹簧直径和内径要根据复位杆的直径来设置。

18）在弹出的"点"对话框中，捕捉到复位杆截面圆心位置，如图 6-143 所示，单击"确定"按钮。

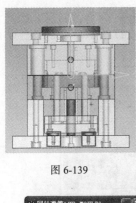

图 6-139

图 6-140

图 6-141

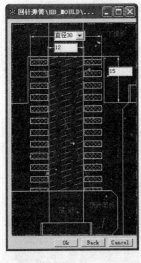

图 6-142

图 6-143

19）胡波工具可以自动将 4 个复位杆全部加载弹簧，并自动完成弹簧固定孔的修剪，如图 6-144 所示。

20）创建流道。单击"HB_MOULD"→"水口系列"→"梯形流道"命令，在弹出的对话框中单击"大水口平面"按钮，如图 6-145 所示。本例模具为两板模，所以要选择"大水口"。

提示： "水口"为工厂称呼，指的是浇口。"大水口"是指除点浇口外其他浇口，一般用在两板模上。

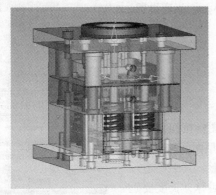

图 6-144

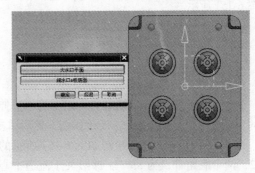

图 6-145

21）在弹出的对话框中单击分型面，作为流道创建平面，如图 6-146 所示。

22）在"梯形大水口流道"对话框中设置流动各项参数，如图 6-147 所示。按照图中所示进行设置，完成后单击"OK"按钮进入下一步设置。

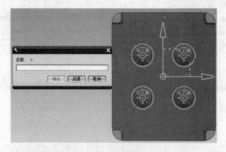

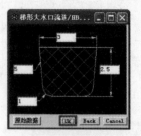

图 6-146   图 6-147

23）如图 6-148 所示，在弹出的"点"对话框中设置流道的起点坐标：XC=0，YC= -22，ZC=0；再设置终点坐标：XC=0，YC=22，ZC=0；单击"确定"按钮，完成本段流道创建。

24）在弹出的对话框中单击"取消"按钮，进行下一段流道设置，如图 6-149 所示。

图 6-148   图 6-149

25）设置流道坐标如下。

起点：XC=5，YC=20，ZC=0；

终点：XC= -5，YC=20，ZC=0，如图 6-150 所示。

26）在弹出的对话框中单击"取消"按钮，进行下一段流道设置，如图 6-151 所示。

27）在另一侧设置流道坐标如下。

起点：XC=5，YC=-20，ZC=0；

终点：XC= -5，YC=-20，ZC=0。

完成后，流道如图 6-152 所示。

28）手动创建浇口。单击工具栏中的"拉伸"图标按钮，在弹出的对话框中执行如图 6-153 所示操作，然后单击分型面创建草图。

29）在草图模式下，绘制如图 6-154 所示的梯形，其中底边长为 2，两个底角都设为 85°。梯形关于流道中心线对称，长度要延伸至型腔内部。完成后单击"完成草图"，回到"拉伸"对话框。

图 6-150

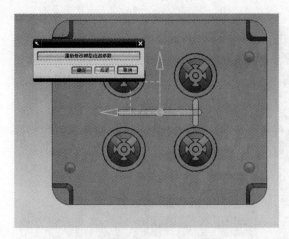

图 6-151

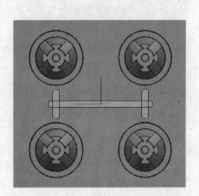

图 6-152

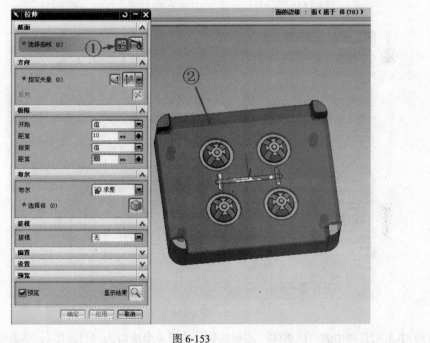

图 6-153

30）在"拉伸"对话框中设置"开始"距离为"0"mm，"结束"距离为"1"mm；"布尔"选择为"无"，这里先不要求差，需将一个浇口修改后镜像才能进行求差运算。"拔模"设为"无"，如图 6-155 所示。单击"确定"按钮完成拉伸。

31）单击工具栏中的"拔模"图标按钮，在"拔模"对话框中设置拔模的矢量方向为 XC 方向，设定右侧端面为"固定面"，设定拉伸体顶面为"要拔模的面"，设定拔模"角度"为"3"deg，如图 6-156 所示，单击"确定"按钮完成设置。

32）使用"镜像体"命令将设置好的浇口按照 XC-ZC 平面、YC-ZC 平面镜像到其他3个位置，如图 6-157 所示。

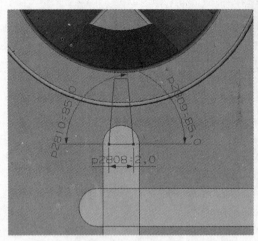

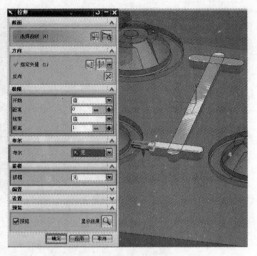

图 6-154　　　　　　　　　　　　　　　　　　图 6-155

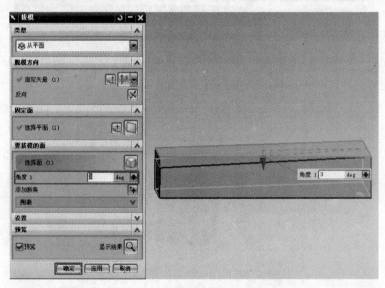

图 6-156

33）单击工具栏中的"修剪体"图标按钮，选择 4 个浇口为"目标体"，单击型芯表面为"工具面"，单击"确定"按钮完成设置，如图 6-158 所示。

34）使用"求差"命令完成流道修剪。操作时可选择保留工具体，将流道实体部分存放在单独的图层中，关闭图层进行隐藏，如图 6-159 所示。

35）只显示本例的浇注系统图层，查看创建完成的浇注系统，如图 6-160 所示。

至此，本实训任务完成。保存文件后退出。

提示： 本例模具至此设计完成，模具中其他一些小组件可作为课后练习自主完成，模具工程图可使用UG制图模块手动完成。

图 6-157

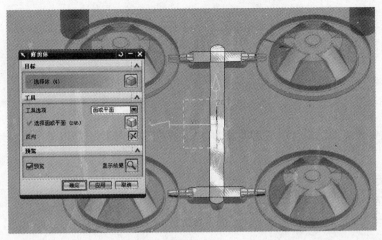

图 6-158

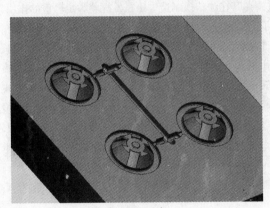

图 6-159

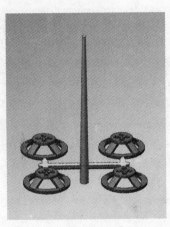

图 6-160

习　题

将下列产品手动分模，并使用胡波工具加载模架和其他标准件完成整套模具的设计，都设计成一模两穴形式，如图 6-161 和图 6-162 所示。（文件存储路径"∶\ugsx\mk6-xt\"）

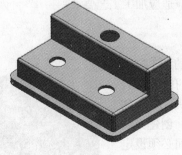

图 6-161

图 6-162

模块 7　电极设计实训

模块要点

本模块主要训练手动设计电极和使用 UG NX 电极设计模块设计电极。本模块由两个实训任务组成：

实训任务 1	手动设计电极
实训任务 2	使用"电极设计"模块拆电极

模块简介

电火花加工是模具制造的一种重要工艺方法，尤其在注塑模制造中更是发挥着举足轻重的作用，一般常用于模具型腔加工。电极一般用于加工深孔、窄缝、直角等使用铣削无法加工的部位，以及精度要求较高的面。电火花加工首先就要设计和加工电极。电极设计在企业中称为拆电极，一般在模具三维设计完成后就开始拆电极。拆电极有手动拆电极和自动拆电极两种方式。手动拆电极是使用建模方式，通过布尔运算得到电极头。电极头必须要预留放电间隙，要使用"偏置区域"命令完成。电极头需固定在基准座和底座上，这些都要使用注塑模向导中的"方块"命令完成。一套模具可能需要设计多个电极，为了便于管理，一般都要将电极标号。自动拆电极可以使用 UG NX 电极设计模块设计电极，电极设计模块命令较为简单，设计步骤与手动拆电极类似，效率更高。工厂中经常使用一些特定拆电极插件，使用更简单，效率更高。

实训任务 1　手动设计电极

1. 任务目标

● 了解电火花加工原理，熟悉电极各部分结构和设置要求。
● 掌握利用 UG NX"拉伸""求差"和"偏置面"等命令手动创建电极的方法。
● 熟悉电极的加工工艺，创建电极的各部分参数应适应加工工艺要求。
● 掌握电极标号创建方法。

2. 任务分析

本实训任务是模具型腔内的方形深孔，这个深孔的加工应使用电火花加工方式。本次拆电极任务是设计这两个深孔的电极，如图 7-1 所示。设计方法是使用注塑模向导中的"方块"命令创建电极头，使用布尔"求差"运算修剪出电极头外形。创建方块时一定要保证方块必须包含全部深孔。电极头和深孔间必须设定放电间隙，数值按照加工设备要求设定，本例设置为 0.1mm。使用"同步建模"中的"偏置区域"命令来完成。电极头需固定在基准座和底座上，创建时仍使用"方块"命令完成。完成的电极

图 7-1

需使用"文字"命令在底座面上输入电极标号。电极设计时要考虑加工工艺性，电极本身结构要适应电火花加工要求。本例中由于深孔离侧边较近，所以电极体要加长，以免基准座和底座撞击到型腔侧面。

3. 任务操作步骤

1）启动 UG NX，打开随书光盘文件":\ugsx\mk7-sx1\mk7-sx1-001.prt"，如图 7-2 所示。

2）启动注塑模向导，在"注塑模工具"中单击"方块"按钮，选择如图 7-3 所示的各个面（注意不要遗漏），设置"默认间隙"为"0"mm，单击"确定"按钮完成。

图 7-2

图 7-3

完成后的方块体如图 7-4 所示。

3）在工具栏中单击布尔"求差"按钮，在弹出的"求差"对话框中选择创建好的方块为"目标体"，选择型腔体作为"工具体"，在"设置"中选中"保存工具"复选框，如图 7-5 所示。单击"确定"按钮完成设置。

4）设置"对象显示"命令，设置修剪好的方块为"局部显示"。然后设置"渲染方式"为"局部显示"，如图 7-6 所示。查看修剪好的电极头。

5）单击工具栏上的"移动面"按钮，在弹出的"移动面"对话框中设置"距离"为"26"mm，然后单击方块上表面，单击"确定"按钮完成设置，如图 7-7 所示。注意：本例中电极处于深腔的底部，为避免侧壁干涉，必须把电极头加长。

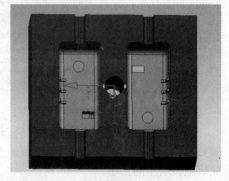

图 7-4

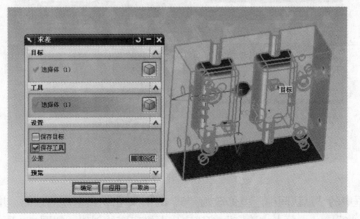

图 7-5

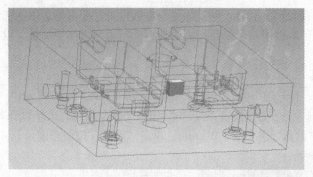

图 7-6

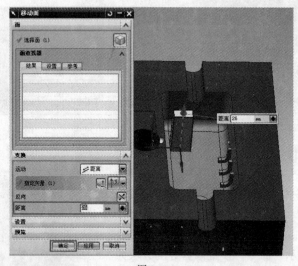

图 7-7

6）隐藏型腔实体后，单击"方块"按钮，设置"默认间隙"值为"3"mm，单击电极头上表面，接着单独单击向下箭头，将"面间隙"数值修改为"0"mm，如图 7-8 所示。单击"应用"按钮完成电极基座的创建。

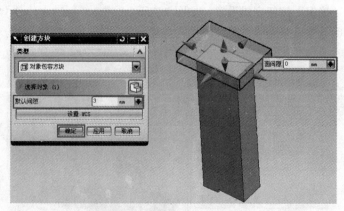

图 7-8

7）将对话框中的"默认间隙"值修改为"5"mm，单击电极基座的顶面，并将向下方向"面间隙"值设置为"0"mm。单击"确定"按钮完成电极底座的创建，如图 7-9 所示。

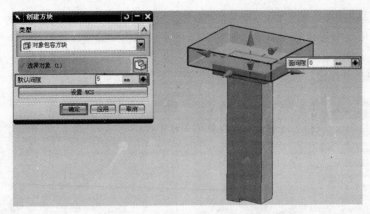

图 7-9

8）单击"偏置区域"按钮，在弹出的"偏置区域"对话框中设置"偏置距离"值为"−0.1"mm；选择电极头各个外表面（8个面），单击"确定"按钮设置好放电间隙，如图 7-10 所示。

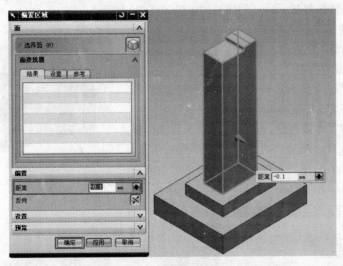

图 7-10

9）单击工具栏中的"边倒圆"按钮，设置"Radius 1"值为"2"mm，然后选择电极基座的4个角的边线。单击"确定"按钮完成设定，如图 7-11 所示。

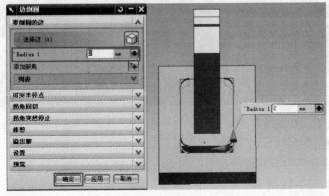

图 7-11

10）单击工具栏中的"倒斜角"按钮，设置"偏置"选项组中的"横截面"为"对称"，"距离"值为"5"mm。单击电极底座右下角，如图7-12所示。单击"确定"按钮完成操作。

11）单击工具栏中的"求和"按钮，选择底座为"目标体"，基座和电极头为"工具体"，如图7-13所示，单击"确定"按钮完成求和操作。

图 7-12

图 7-13

12）将型腔实体恢复显示后，创建好的电极如图7-14所示。

13）单击"插入"→"曲线"→"文本"命令，在弹出对话框的"类型"中选择"在面上"；"文本放置面"选择底座底面；"放置方法"选择底面相应边；"文本属性"输入"电极1"，字体参数按图7-15所示内容设置。单击"确定"按钮完成文本插入。

14）对输入的文本需要进一步调整。单击各个调整点可以调整文本长度、高度、方向以及与平面的角度，如图7-16所示。调整合适后，在控制点之外任意单击一点完成文本设置。

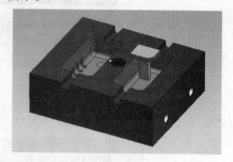

图 7-14

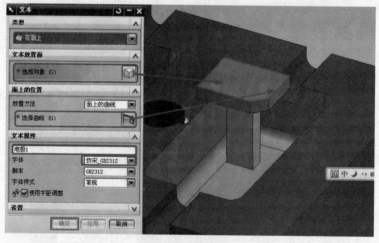

图 7-15

创建好的"电极1"如图7-17所示。

15）用同样方法在另一个对称产品型腔相应位置创建方块，按照与创建"电极1"同样的步骤创建"电极2"，如图7-18所示。

16）创建好的两个电极如图7-19所示。同名保存文件，完成本实训任务。

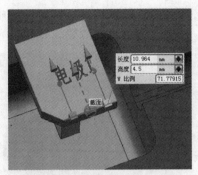

图 7-16

图 7-17

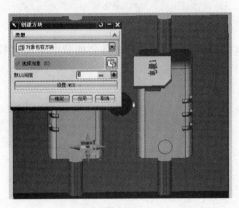

图 7-18

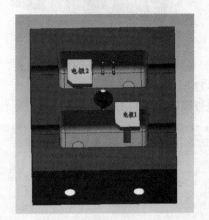

图 7-19

实训任务 2 使用"电极设计"模块拆电极

1. 任务目标

● 了解电火花加工原理，熟悉电极各部分结构和设置要求。

● 掌握利用 UG NX 电极设计自动创建电极的方法。

● 掌握设置放电间隙的方法。

● 熟悉电极的加工工艺，创建电极的各部分参数应适应加工工艺要求。

● 掌握电极标号创建方法。

● 掌握电极工程图的创建方法。

2. 任务分析

本实训任务采用的加工部件与实训任务 1 是相同的，仍然设计这两个深孔的电极，本次使用 UG NX"电极设计"自动创建电极，如图 7-20 所示。在创建电极头时仍使用"电极设计"→"创建方块"命令。创建方块时一定要保证方块必须包含全部深孔。仍然使用"同步建模"中的"偏置区域"命令设定放电间隙。电极的基准座和底座直接使用"毛坯设计"命令完成。电极标号仍需手动加载"文字"。UG NX 电极设计模块功能比较简单，有很多步骤仍需要手动创建、设置。如果对效率有更高要求，可以采用一些专业拆电极插件，如进玉工具等，效率可以提高很多。

3. 任务操作步骤

1）启动 UG NX 软件，打开文件"：\UGSX\MK7-SX2\mk7-sx2-001.prt"，如图 7-21 所示。本任务将使用 UG NX 的电极设计模块完成电极设计工作。

图 7-20

图 7-21

2）单击"开始"→"所有应用模块"→"电极设计"命令，系统将会加载电极设计模块，如图 7-22 所示。

电极设计模块的工具栏如图 7-23 所示。

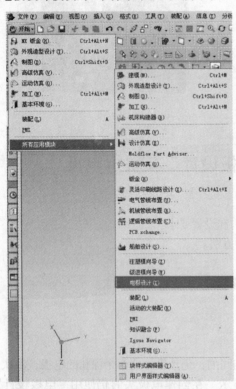

图 7-22

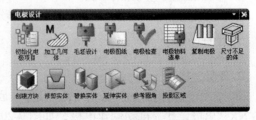

图 7-23

3）单击"电极设计"的"初始化电极项目"按钮，在弹出的"电极项目初始化"对话框中单击"路径"按钮，在弹出的"选择项目路径和名称"对话框中选择相应的路径和项目文件。单击左下方的"新建项目"按钮，完成项目创建，如图 7-24 所示。

4）单击对话框下方的"新建设置"按钮，在上方列表中就会自动建立项目文件，如图 7-25 所示。

图 7-24　　　　　　　　　　　　　　　图 7-25

5）单击"链接工作对象"按钮，在弹出的"选择要链接到工作中部件的对象"对话框中选择型腔部件实体，单击"确定"按钮完成操作，如图 7-26 所示。

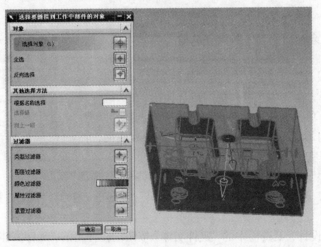

图 7-26

6）单击工具栏下方的"编辑原点和 WCS"按钮，在弹出的如图 7-27 所示的对话框中单击"点"按钮。

7）设定电极坐标系原点为 WCS 原点，即设置：XC=0，YC=0，ZC=0，如图 7-28 所示。

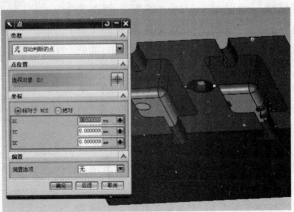

图 7-27　　　　　　　　　　　　　　　图 7-28

8）选定 CSYS 为现有的 WCS，如图 7-29 所示。

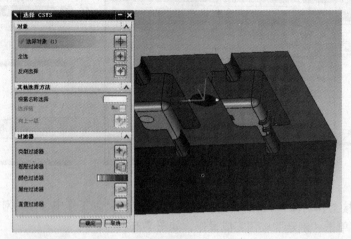

图 7-29

9）单击左侧"资源栏"→"装配导航器"命令，在"装配导航器"列表中双击"mk7-sx2_working_008"项目，将其激活为工作部件，如图 7-30 所示。

10）在"电极设计"工具栏中单击"修剪实体"按钮，在弹出对话框的"选择方法"中选择"面"单选按钮；在"选择规则"中选择"手工"单选按钮；在"成型方法"中选择"修剪"单选按钮，如图 7-31 所示。依次单击孔的各个侧面和底面，然后单击"确定"按钮完成电极头的创建。

图 7-30

11）单击"求差"按钮，选择电极头为"目标体"，选择部件实体为"工具体"，在"设置"中选择"保存工具"复选框，单击"确定"按钮完成求差，如图 7-32 所示。

12）单击"电极设计"工具栏中的"延伸实体"按钮。在弹出的"延伸实体"对话框中设置"偏置值"值为"26"mm，选择电极头上表面，单击"确定"按钮完成电极头的延伸，如图 7-33 所示。

13）单击"同步建模"工具栏中的"删除面"命令，选择电极头侧面多出来的几个面进行删除，如图 7-34 所示。

14）单击"偏置区域"按钮，在弹出的"偏置区域"对话框中设置"偏置"距离为"-0.1"mm；选择电极头的侧面和底面（共 8 个面）。单击"确定"按钮完成放电间隙的设置，如图 7-35 所示。

15）单击"电极设计"工具栏中的"毛坯设计"按钮，弹出"毛坯设计"对话框，在"模式"下选中最左边选项。在下方选中"连接电极头和毛坯"复选框。设置完成后，单击上部"选择电极头"按钮，在视图窗口单击上一步完成的电极头，如图 7-36 所示。单击"确定"按钮，系统将自动生成电极的基座和底座。

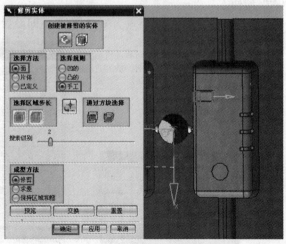

图 7-31

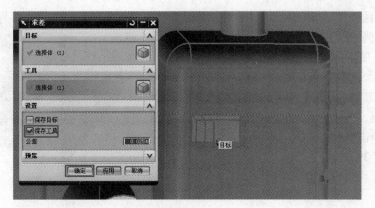

图 7-32

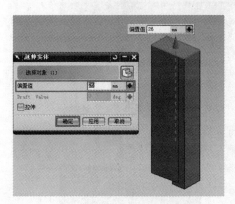

图 7-33

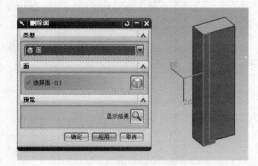

图 7-34

图 7-35

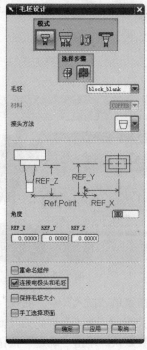

图 7-36

生成的电极如图 7-37 所示。

16）在左侧"装配导航器"中双击"mk7-sx2_block_blank"子项目，将其设置为工作部件，如图 7-38 所示。

17）单击工具栏上的"WCS 方向"按钮，打开"CSYS"对话框，在"类型"下拉列表中选择"对象的 CSYS"，然后单击电极的顶面，再单击"确定"按钮完成设置，如图 7-39 所示。

设定好的工作坐标系如图 7-40 所示。

图 7-37

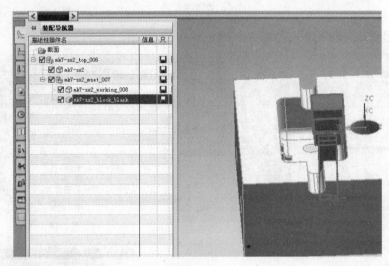

图 7-38

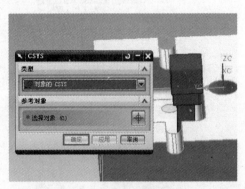

图 7-39

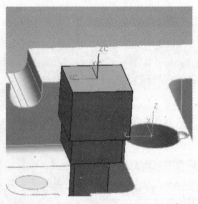

图 7-40

18）单击菜单"插入"→"曲线"→"文本"命令，插入文本，如图 7-41 所示。

19）在弹出的"文本"对话框中设置"类型"为"平面的"；在"文本属性"中输入"电极 1"；其他参数默认。单击"确定"按钮完成文本插入。如果文本大小、方位不合适，可以再通过控制点进行调整，如图 7-42 所示。

图 7-41   图 7-42

20）单击"倒斜角"按钮，打开"倒斜角"对话框，设定"偏置"下的"横截面"为"对称"，"距离"为"2"mm。选择电极底座右下角边线，单击"确定"按钮完成倒斜角操作，如图 7-43 所示。

21）用同样方法创建好电极 2，如图 7-44 所示。本例中两侧浇口位置也应该拆电极，方法与前两个电极是相同的，这里就不赘述了。

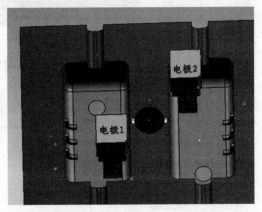

图 7-43   图 7-44

22）单击"电极设计"工具栏中的"电极检查"按钮，在弹出的"电极检查"对话框中依次单击"电极 1"和"电极 2"，如图 7-45 所示。单击"确定"按钮，系统对创建好的电极进行检查。检查后系统弹出一个信息通知框给出检查结果，如图 7-46 所示。

23）单击"电极设计"工具栏中的"电极图纸"按钮，在弹出的"电极制图"对话框中单击"组件列表"中的项目"mk7-sx2_working"，然后单击向右箭头，此项目将出现在"已加工的组件"列表中，如图 7-47 所示。单击"确定"按钮，系统将自动完成电极图纸绘制。

24）单击"开始"→"制图"命令，软件将转换到制图模块，如图 7-48 所示。

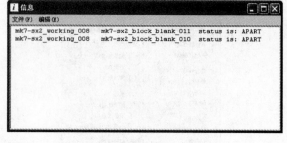

图 7-45

图 7-46

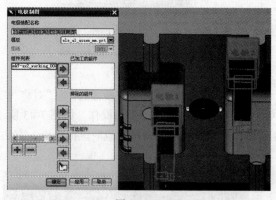

图 7-47

图 7-48

25）在制图模块中将完整显示电极的各个视图，如图 7-49 所示。

如果对系统自动生成的视图和标注不满意，也可以使用制图模块的命令进行修改。这里就不做分析了。同名全部保存文件，完成本实训任务。

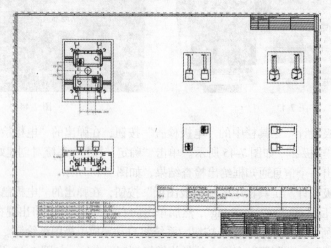

图 7-49

习　题

1. 使用手动拆电极来完成产品模具型腔电极设计，如图 7-50 所示（文件路径 ":\ugsx\mk8-xt\mk8-xt-001.prt"）。

2. 使用 UG NX 电极设计模块自动创建模具型腔电极，并创建电极工程图，如图 7-51 所示（文件路径 ":\ugsx\mk8-xt\mk8-xt-002.prt"）。

图 7-50

图 7-51

模块 8　UG NX 数控加工编程实训

模块要点

　　本模块主要训练使用 UG NX 加工模块创建平面铣削加工、型腔铣削加工和孔加工操作。本模块由 3 个实训任务组成：

实训任务 1	UG NX 平面铣加工实训
实训任务 2	UG NX 型腔铣加工实训
实训任务 3	UG NX 孔加工实训

模块简介

　　UG NX 软件是 CAD/CAE/CAM 一体化软件，它的加工模块功能非常强大。本模块选择模具加工中最常用的 3 种加工方式进行实训，模块分成 3 个实训任务：平面铣加工、型腔铣加工和孔加工。UG NX 的加工模块参数众多，了解加工模式和理解参数含义及其作用非常重要，也是掌握好本模块操作的要点。

　　UG NX 加工操作一般包括创建毛坯、创建程序、创建刀具、创建几何体和创建操作几个环节。在创建加工之前都要进行工艺分析，要选择合适的刀具、合理的加工深度和切削参数。创建完成的操作能形成可视化的走刀路线，可以进行加工仿真，如果存在设置错误，可以及时加以纠正。加工操作创建完成后还需要使用 UG NX 后处理器编译成 CNC 加工程序。

实训任务 1　UG NX 平面铣加工实训

1. 任务目标
- 熟悉平面铣加工工艺特点、加工要求和加工过程。
- 重点掌握平面铣的切削模式和切削参数含义和设置要求。
- 熟悉 UG NX 加工模块的界面和基本操作命令。
- 掌握加工环境的设置和创建程序组的基本步骤。
- 掌握 UG NX 平面铣削创建过程和基本操作步骤。
- 掌握创建几何体和创建刀具的操作步骤，能根据实际情况合理选择刀具。
- 掌握切削边界和切削余量的设置，能合理设置切削参数，完成平面铣编程与仿真。

2. 任务分析

　　本实训任务是完成给定部件的平面铣加工实训，如图 8-1 所示。平面铣在模具加工中的使用非常普遍，本例中先要创建毛坯几何体，进入加工模块后要创建平面铣加工程序环境，创建刀具，创建几何体和创建操作。本例需要创建粗加工、半精加工和精加工 3 种操作。每种操作都需要设定大量的加工设置参数，在操作中要熟悉这些参数的含义。

3. 任务操作步骤

　　1）启动 UG NX，打开随书光盘文件 ":\ugsx\mk8-sx1\mk8-sx1-001.prt"，如图 8-2 所示。

图 8-1

图 8-2

2）单击"WCS方向"按钮，重新调整WCS方向。将ZC方向更改为原来的相反方向，如图8-3所示。

3）单击"注塑模向导"→"方块"按钮，设置"默认间隙"为"0"mm，单击部件的两个侧面，如图8-4所示，最后单击"确定"按钮完成毛坯体的创建。

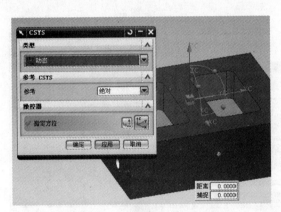

图 8-3

图 8-4

4）单击"编辑"→"对象显示"命令，使用快速拾取菜单选中创建好的毛坯体。在对话框中设置透明度为"100"，如图8-5所示，最后单击"确定"按钮完成设置。

5）设置好的部件与毛坯体如图8-6所示，将毛坯体设置为透明，方便查看部件的内部结构。

6）单击"开始"→"加工"命令，进入加工模块，如图8-7所示。

7）进入加工模块，首先会弹出如图8-8所示的"加工环境"对话框。在"要创建的CAM设置"列表中选择"mill planar"，单击"确定"按钮进入加工模块。

8）单击"创建程序"按钮，弹出如图8-9所示的对话框。设置"类型"为"mill_planar"；"程序"为"PROGRAM"；"名称"为"PROGRAM_1"；单击"确定"按钮，在弹出的"程序"对话框中再次单击"确定"按钮完成程序创建。

9）单击"创建刀具"按钮，在弹出对话框中设置"类型"为"mill_planar"；"刀具子类型"选择"MILL"；"名称"输入"D10"，如图8-10所示，单击"应用"按钮开始创建直径为10mm的刀具。

10）在弹出的对话框中，设置"直径"为"10"mm，"刀具号"设为"1"，如图8-11所示。单击"确定"按钮完成D10刀具的创建。

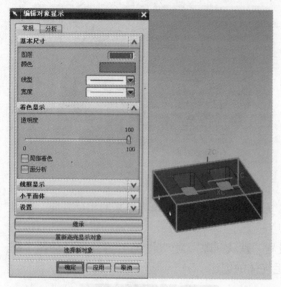

图 8-6

图 8-5

图 8-7

图 8-8

图 8-9

图 8-10

11）在"创建刀具"对话框中继续选择"刀具子类型"为"MILL"；"名称"输入"D8"；单击"应用"按钮，如图 8-12 所示。

12）在弹出的"铣刀-5 参数"对话框中，设置"直径"为"8"mm；"刀具号"为"2"，如图 8-13 所示，单击"确定"按钮完成 2 号铣刀的创建。

13）单击"创建几何体"按钮，在弹出的对话框中设置"几何体子类型"为"MCS"，"名称"设置为"MCS"，如图 8-14 所示，单击"应用"按钮进入下一步设置。

14）在弹出的"MCS"对话框中单击"CSYS 会话"按钮，在弹出的"CSYS"对话框中设置"参考"为"WCS"，如图 8-15 所示，单击"确定"按钮，返回"MCS"对话框，再次单击"确定"按钮完成 MCS 创建。

15）在"创建几何体"对话框中设置"几何体子类型"为"WORKPIECE"，"位置"设为"MCS"，在"名称"中输入"WORKPIECE-1"，单击"应用"按钮开始创建，如图 8-16 所示。

图 8-11

图 8-12

图 8-13

图 8-14

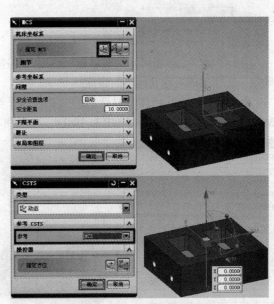

图 8-15

16）在"工件"对话框中，单击"指定部件"按钮，如图 8-17 所示。

17）在弹出的"部件几何体"对话框中，单击部件实体（可以使用快速拾取，以免误选到毛坯），单击"确定"按钮完成部件设定，如图 8-18 所示。

18）返回到"工件"对话框，单击"指定毛坯"按钮，如图 8-19 所示。

图 8-16

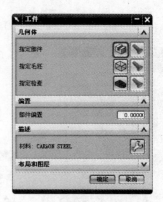

图 8-17

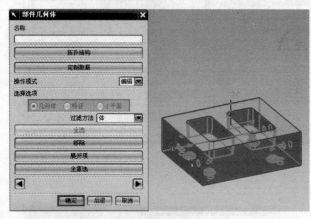

图 8-18

图 8-19

19）弹出"毛坯几何体"对话框，使用"快速拾取"命令选中毛坯体，如图 8-20 所示，单击"确定"按钮完成毛坯几何体的设定。

20）在"创建几何体"对话框的"几何体子类型"中选择"MILL_BND"，设置"位置"为"MCS"，在"名称"中输入"MILL_BND"，如图 8-21 所示，单击"应用"按钮开始设置铣削边界。

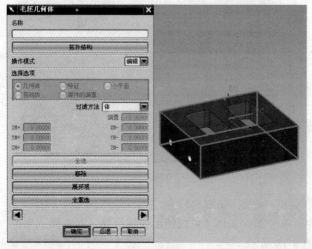

图 8-20

图 8-21

21）在"铣削边界"对话框中，单击"指定部件边界"按钮，如图8-22所示。

22）在弹出的"部件边界"对话框中，选择部件实体的上表面，如图8-23所示。单击"确定"按钮完成设置。

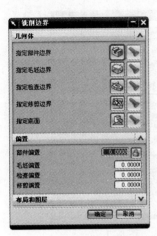

图 8-22

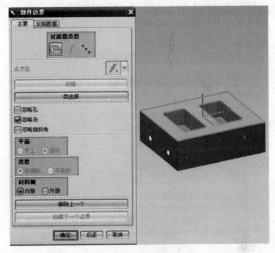

图 8-23

23）在"铣削边界"中单击"指定毛坯边界"按钮，在弹出的"毛坯边界"对话框中，单击毛坯体上表面（快速拾取），如图8-24所示。单击"确定"按钮完成设定。

图 8-24

24）在"铣削边界"对话框中单击"指定底面"按钮，在弹出的"平面构造器"对话框中，选中部件内腔的底面，如图8-25所示。单击"确定"按钮完成设定。

25）在工具栏上单击"创建方法"按钮，参数按默认设置，在"名称"中输入"MILL_R"，单击"应用"按钮开始创建粗加工方法，如图8-26所示。

26）在弹出的对话框中设定"部件余量"为"0.5"；单击"确定"按钮完成方法创建，如图8-27所示。

使用同样操作创建方法"MILL_M"（半

图 8-25

精加工），"MILL_F"（精加工），余量分别设置为 0.3 和 0。

27）单击工具栏上的"创建操作"按钮，在弹出的对话框中的"操作子类型"中选择"PLANAR_MILL"；设定"工具"为"D10"；"几何体"为"MILL_BND"；"方法"为"MILL_R"。设置"名称"为"PLANAR_MILL-1"，如图 8-28 所示。单击"应用"按钮开始设置粗加工操作。

图 8-26

图 8-27

28）在弹出的"平面铣"对话框中设置"切削模式"为"跟随周边"，"步距"设为"刀具平直"，"平面直径百分比"设为"70"，如图 8-29 所示。单击"切削层"按钮，进入"切削深度参数"对话框。

图 8-28

图 8-29

29）在"切削深度参数"对话框中设定"类型"为固定深度，"最大值"为"0.5"，如图 8-30 所示。单击"确定"按钮完成设定。

30）在"平面铣"对话框中单击"切削参数"按钮，进入"切削参数"对话框。在"策略"选项卡下，设置"剖切方向"为"顺铣"，"切削顺序"为"深度优先"，"刀路方向"为"向外"，如图 8-31 所示。

图 8-30

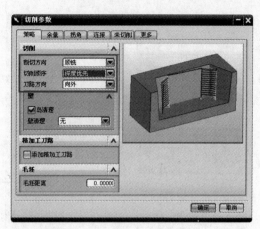

图 8-31

31）在"切削参数"对话框中单击"余量"选项卡，设定"部件余量"为"0.5"，"最终底部面余量"为"0.3"，如图 8-32 所示。单击"确定"按钮完成切削参数设定。

32）在"平面铣"对话框中单击"非切削移动"按钮，弹出"非切削移动"对话框。在"进刀"选项卡中设定"封闭区域"的"进刀类型"为"螺旋"，其下参数按默认设置，如图 8-33 所示。设定"开放区域"的"进刀类型"为"圆弧"，其下参数按默认设定。

图 8-32

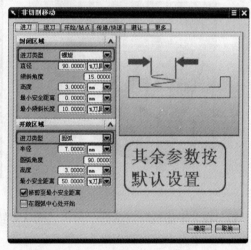

图 8-33

33）在"非切削移动"对话框中，单击"传递/快速"选项卡，设定"区域之间"中的"传递类型"为"前一平面"，"安全距离"为"3"mm。设定"区域内"中的"传递类型"为"前一平面"，"安全距离"为"5"mm，如图 8-34 所示。单击"确定"按钮完成设定。

34）在"平面铣"对话框中单击"进给和速度"按钮，在弹出的"进给和速度"对话框中设定"主轴速度"为"1000"并选中前面复选框。设置"进给率"为"800"，如图 8-35 所示。单击"确定"按钮完成设定。

35）在"平面铣"对话框中单击下方的"生成"按钮，系统将自动生成加工刀轨，如图 8-36 所示。

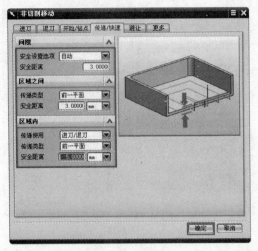

图 8-34

图 8-35

36）单击"平面铣"对话框下部的"生成列表"按钮，系统将把刀轨参数数值以文本形式呈现出来，如图 8-37 所示。

图 8-36

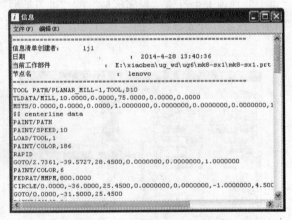

图 8-37

37）在"平面铣"对话框中单击"确认刀轨"按钮，系统弹出"刀轨可视化"对话框，如图 8-38 所示，单击下方控制按钮可以播放，前进、后退等。可以仿真加工过程。

粗加工阶段的模拟加工刀轨如图 8-39 所示。

38）在软件界面下方的工具栏上单击"加工方法视图"按钮，如图 8-40 所示。

39）这时"操作导航器"界面将转换为加工方法视图，选中"MILL_R"下的"PLANAR_MILL-1"并单击鼠标右键，在弹出的快捷菜单中选择"复制"命令，如图 8-41 所示。

40）在"操作导航器"的"MILL_M"上单击鼠标右键，在弹出的快捷菜单中选择"内部粘贴"命令，如图 8-42 所示。

41）将项目"PLANAR_MILL-1_COPY"重命名为"PLANAR_MILL-2"，再单击鼠标右键，在弹出的快捷菜单中选择"编辑"命令，如图 8-43 所示。

42）在"平面铣"对话框中，更改"工具"为"D8"，"方法"为"MILL_M"，"平面直径百分比"设为"50"，如图 8-44 所示。最后单击"切削层"按钮。

图 8-38

图 8-39

图 8-40

图 8-41

图 8-42

图 8-43

43）在"切削深度参数"对话框中设定"最大值"为"2"，如图 8-45 所示。单击"确定"按钮完成设定。

44）在"平面铣"对话框中单击"切削参数"按钮，在弹出的对话框中的"策略"选项卡中设定"切削顺序"为"层优先"，其他参数按默认设定，如图 8-46 所示。

45）在"切削参数"对话框中单击"余量"选项卡，设定"部件余量"为"0.3"，设定"最终底部面余量"为"0.1"，如图 8-47 所示，单击"确定"按钮完成切削参数设定。

46）在"平面铣"对话框中单击"进给和速度"按钮，设定"主轴速度"为"1500"，"进给率"为"450"，如图 8-48 所示。

47）单击"生成刀轨"按钮，再次单击"确认刀轨"按钮，半精加工的模拟加工刀轨如图 8-49 所示。

图 8-44

图 8-45

图 8-46

图 8-47

图 8-48

图 8-49

48）通过复制"PLANAR_MILL-2"，内部粘贴创建"PLANAR_MILL-3"操作（精加工）在"平面铣"对话框中，"工具"仍为"D8"，"方法"设为"MILL_F"，"切削模式"改为"轮廓"，如图 8-50 所示。

49）单击"切削层"按钮，在对话框中设置"最大值"为"3"，如图 8-51 所示。单击"确定"按钮完成设定。

50）单击"切削参数"按钮，设定"部件余量"为"0"，设定"最终底部面余量"为"0"，如图 8-52 所示。

51）单击"进给和速度"按钮，设定"主轴速度"为"3500"，设定"进给率"为"250"，如图 8-53 所示。单击"确定"按钮完成设定。

52）在"平面铣"对话框中单击"生成刀轨"和"确认刀轨"按钮，得到精加工刀轨如图 8-54 所示。至此，本实训任务全部完成。

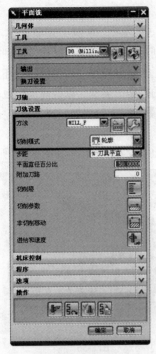

图 8-51

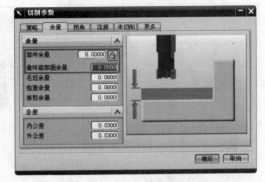

图 8-50

图 8-52

图 8-53

图 8-54

实训任务2　UG NX 型腔铣加工实训

1. 任务目标

● 熟悉型腔铣加工工艺特点、加工要求和加工过程。

● 熟悉 UG NX 加工模块的界面和基本操作命令。

● 掌握加工环境的设置和创建程序组的基本步骤。

● 掌握 UG NX 型腔铣削创建过程和基本操作步骤。

● 掌握创建几何体和创建刀具的操作步骤，能根据实际情况合理选择刀具。

● 掌握切削边界和切削余量的设置，能合理设置参数，完成型腔铣编程。

2. 任务分析

本实训任务是完成给定部件的型腔铣加工实训，如图 8-55 所示。本例中先要创建毛坯几何体，进入加工模块后要创建型腔铣加工程序环境，创建刀具，创建几何体和创建操作。本例需要创建 φ8R0，φ6R0.5，φ6R3，φ12R1 四把刀具。在创建几何体时，除了需要设置部件几何体、毛坯几何体之外还需设置修剪几何体，要指定修剪边界。要合理选择型腔铣的操作子类型，以提高加工效率。型腔铣在参数设置上与平面铣既有很多相同之处，也有一些特有的参数，设置时要加以注意。

3. 任务操作步骤

1）启动 UG NX，打开随书光盘文件 ":\ugsx\mk8-sx2\mk8-sx2-001.prt"，如图 8-56 所示。

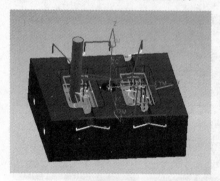

图 8-55   图 8-56

2）单击工具栏中的"拉伸"按钮，在"拉伸"对话框中选择部件底面 4 条边作为拉伸曲线。设置"开始"距离为"0"mm，"结束"距离选择"直到被延伸"，"选择对象"设置为部件上表面，如图 8-57 所示。单击"确定"按钮完成毛坯实体的创建。

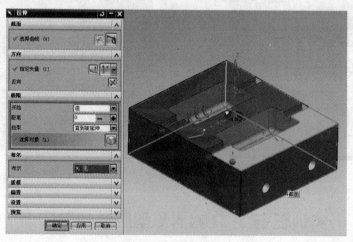

图 8-57

3）单击"开始"→"加工"命令，弹出"加工环境"对话框。在"要创建的 CAM 设置"中选择"mill_planar"，如图 8-58 所示，单击"确定"按钮，进入加工模块。

4）单击工具栏中的"创建刀具"命令，打开"创建刀具"对话框，设置对话框的"刀具子类型"为"MILL"，输入"名称"为"D12R1"，如图 8-59 所示。单击"应用"按钮进行刀具参数详细设置。

5）在弹出的"铣刀-5 参数"对话框中设置"直径"为"12"，"底圆角半径"为"1"，"刀具号"为"1"，如图 8-60 所示。单击"确定"按钮完成 1 号刀具设定。

图 8-58

图 8-59

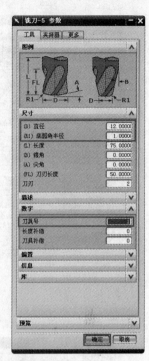

图 8-60

6）使用同样方法完成如图 8-61 所示的其他几把刀具的创建。

7）单击"创建几何体"，在弹出的对话框中设置"几何体子类型"为"MCS"，"名称"输入"MCS"，如图 8-62 所示。单击"应用"按钮进入下一步设置。

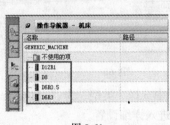

图 8-61

图 8-62

8）在"MCS"对话框中选择 WCS 作为 MCS，如图 8-63 所示。单击"确定"按钮完成设定。

9）单击"几何体子类型"中的"WORKPIECE"，设置"名称"为"WORKPIECE-1"；单击"应用"按钮，在弹出的"工件"对话框中单击"指定部件"按钮，然后选择部件实体，完成设置。单击"指定毛坯"按钮，选择毛坯实体，如图 8-64 所示，完成操作。

10）在"创建几何体"对话框中选择"几何体子类型"下的"MILL_BND"，单击"应用"按钮进入"铣削边界"对话框。单击"指定部件边界"按钮，如图 8-65 所示。

11）在弹出"部件边界"对话框中，单击部件的上表面，单击"确定"按钮完成设置，如图8-66 所示。返回图 8-65 所示的"铣削边界"对话框，设置"毛坯边界"为毛坯上表面，设置"指定底面"为部件内腔的底面，单击"确定"完成几何体创建。

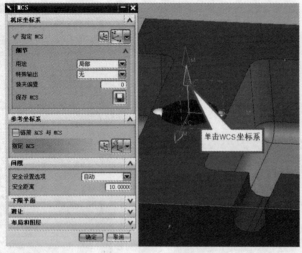

图 8-63

图 8-64

图8-65

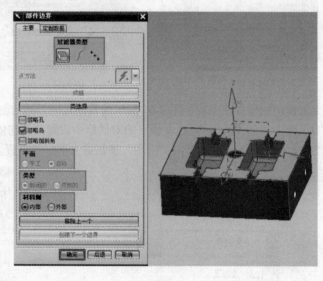

图8-66

12）单击"创建方法"按钮,在"创建方法"对话框中选择"类型"为"mill_planar","名称"设为"MILL_R",如图 8-67 所示。单击"确定"按钮,进入详细设置。

13）如图 8-68 所示,在"铣削方法"对话框中设置"部件余量"为"0.5",其余参数默认。单击"确定"按钮完成方法创建。使用同样方法创建方法"MILL_S",其中"部件余量"设为"0.15"。

14）单击"创建操作"按钮,弹出如图 8-69 所示的"创建操作"对话框。设置"类型"为"mill_contour";"操作子类型"选择"CAVITY_MILL";设置"工具"为"D12R1";设定"几何体"为"MCS";在"名称"中输入"CAVITY_MILL_01"。单击"应用"按钮进入下一步设置。

15）如图 8-70 所示,在"型腔铣"对话框中选择"方法"为"MILL_R","切削模式"选择为"跟随部件","平面直径百分比"值设为"70","全局每刀深度"值设为"0.5"。

16）单击"型腔铣"对话框中的"切削层"按钮,弹出如图 8-71 所示的"切削层"对话框。设置"切削层"为"仅在范围底部","测量开始位置"选择"顶层","范围深度"设定为"5",单击"确定"按钮完成设置。

图 8-67

图 8-68

图 8-69

图 8-70

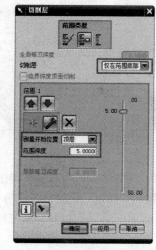

图 8-71

17）单击"切削参数"按钮，弹出如图 8-72 所示的"切削参数"对话框。在"余量"选项卡中选中"使用底部面和侧壁余量一致"复选框，设置"部件侧面余量"为"0.5"。单击"确定"按钮完成设置。

18）单击"非切削移动"按钮，弹出如图 8-73 所示的"非切削移动"对话框，在"进刀"选项卡中设定"最小倾斜长度"为"0"。

19）单击"传递 / 快速"选项卡，如图 8-74 所示，设定"安全设置选项"为"平面"，单击"指定平面"按钮。

20）在弹出的"平面构造器"对话框中，单击部件的上表面，设置"偏置"值为"10"mm，单击"确定"按钮完成，如图 8-75 所示。

图 8-72

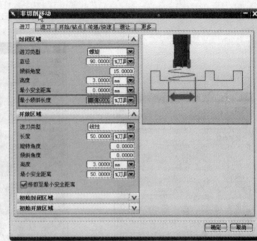

图 8-73

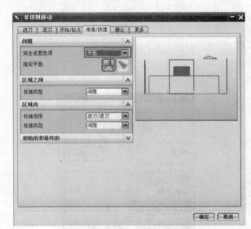

图 8-74

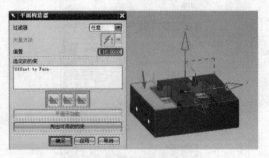

图 8-75

21）单击"进给和速度"按钮，弹出如图 8-76 所示的"进给和速度"对话框。设定"主轴速度"值为"1200"，设定"进给率"值为"1000"。单击"确定"按钮完成设定。

22）单击"生成刀轨"按钮，系统经过计算给出如图 8-77 所示的刀轨。

图 8-76

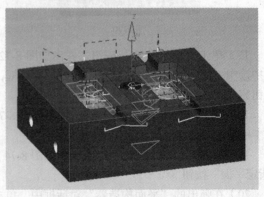

图 8-77

23）单击"确认刀轨"按钮，弹出如图 8-78 所示的"刀轨可视化"对话框。调整下方的"动画速度"移动条，设定合理的速度。单击播放键即可播放模拟加工动画。

24）本例加工模拟动画播放如图 8-79 所示。回到"型腔铣"对话框，单击"确定"按钮完成操作。

图 8-78

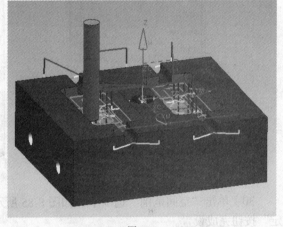

图 8-79

25）在"操作导航器"中选中"CAVITY_MILL-1"并单击鼠标右键，在弹出的快捷菜单中选择"复制"命令，如图 8-80 所示。

26）在"PROGRAM"上单击鼠标右键，在弹出的快捷菜单中选择"内部粘贴"命令，如图 8-81 所示。

27）将复制好的操作重命名为"CAVITY_MILL-2"并单击鼠标右键，在弹出的快捷菜单中选择"编辑"命令，如图 8-82 所示。

图 8-80   图 8-81   图 8-82

28）在弹出的"型腔铣"对话框中设定"工具"为"D8"，"方法"设定为"MILL_S"，设定"全局每刀深度"值为"0.35"，如图 8-83 所示。

29）单击"切削参数"按钮，弹出"切削参数"对话框，修改"余量"选项卡下的"部件侧面余量"值为"0.30"，如图8-84所示。

图 8-83

图 8-84

30）单击"空间范围"选项卡，如图8-85所示，设定"参考刀具"为"D12R1"；单击"确定"按钮完成设置。

31）单击"进给和速度"按钮，打开"进给和速度"对话框，设置"主轴速度"为"2000"，设置"进给率"为"1500"，单击"确定"按钮完成设置，如图8-86所示。

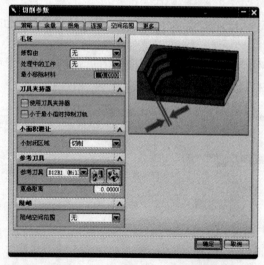

图 8-85

图 8-86

32）单击"生成刀轨"按钮，生成的刀轨如图 8-87 所示。

33）单击"确认刀轨"按钮，弹出"刀轨可视化"对话框，如图 8-88 所示，可以查看模拟加工。回到"型腔铣"对话框，单击"确定"按钮完成操作。

34）复制操作"CAVITY_MILL-2"得到"CAVITY_MILL-3"，并单击鼠标右键，在弹出的快捷菜单中选择"编辑"命令，如图 8-89 所示。

35）在"型腔铣"对话框中修改"工具"为"D6R3"，"方法"为"MILL_R"，"全局每刀深度"值为"0.25"，如图 8-90 所示。

36）单击"切削参数"按钮，打开"切削参数"对话框，在"余量"选项卡下设定"部件侧面余量"为"0.15"，如图 8-91 所示。

37）单击"空间范围"选项卡，设定"参考刀具"为"D8"，如图 8-92 所示。单击"确定"按钮完成设置。

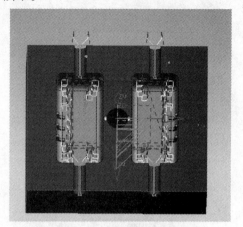

图 8-87

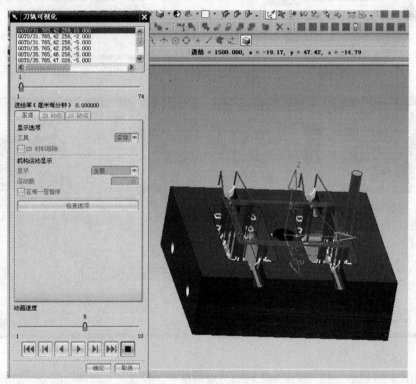

图 8-88

38）在"型腔铣"对话框中单击"生成刀轨"按钮，生成刀轨如图 8-93 所示。

39）单击"创建操作"按钮，弹出"创建操作"对话框，如图 8-94 所示。选择"操作子类型"为"ZLEVEL_PROFILE"；设置"工具"为"D6R0.5"；"几何体"为"MCS"；"方法"为"MILL_S"；"名称"为"ZLEVEL_PROFILE-4"。单击"应用"按钮进一步设置参数。

40）在"深度加工轮廓"对话框中设置"陡峭空间范围"为"仅陡峭的"，"角度"值设为"65"，"全局每刀深度"值设为"0.5"，如图 8-95 所示。

图 8-89

图 8-90

图 8-91

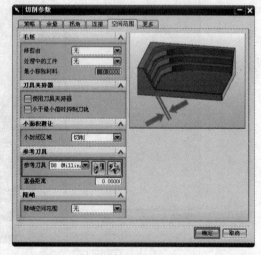

图 8-92

41）如图 8-96 所示，在"深度加工轮廓"对话框中，设置"几何体"部分，单击"指定切削区域"按钮。

42）在弹出的"切削区域"对话框中选择所有需要切削加工的表面，如图 8-97 所示。单击"确定"按钮完成设置。

图 8-93

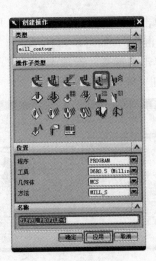

图 8-94

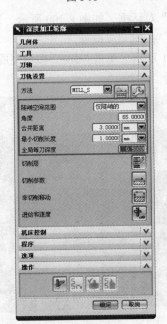

图 8-95

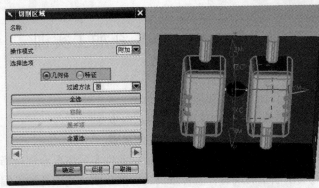

图 8-96

图 8-97

43）单击"切削参数"按钮，打开"切削参数"对话框，设置"策略"选项卡下的"剖切方向"为"混合"，如图 8-98 所示。

44）单击"连接"选项卡，设定"层到层"为"直接对部件进刀"，如图 8-99 所示。单击"确定"按钮完成设置。

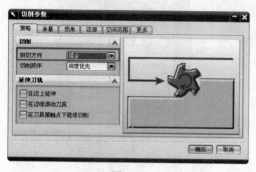

图 8-98

图 8-99

45）单击"进给和速度"按钮，打开"进给和速度"对话框，如图 8-100 所示。设定"主轴速度"值为"3000"，"进给率"为"1200"。单击"确定"按钮完成设置。

46）单击"生成刀轨"按钮，完成好的刀轨如图 8-101 所示。单击"确定"按钮完成操作创建。至此，本部件加工完成。保存文件，完成本实训任务。

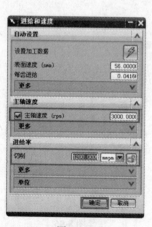

图 8-100

图 8-101

实训任务 3　UG NX 孔加工实训

1. 任务目标

● 熟悉孔加工工艺特点、加工要求和加工过程。

● 掌握 UG NX 加工环境的设置和创建程序组的基本步骤。

● 掌握 UG NX 孔加工操作的创建过程和基本操作步骤。

● 掌握创建几何体和创建刀具的操作步骤，能根据元件实际情况合理选择刀具与毛坯。

● 掌握切削边界和切削余量的设置，能合理设置切削参数，完成孔加工编程。

2. 任务分析

本实训任务是完成给定部件的孔加工实训，如图 8-102 所示。与前两个任务类似，进入加工模块后要创建型孔加工程序环境，创建刀具，创建几何体和创建操作。本例需要创建 φ3，φ4，φ5，φ6，φ8 五把刀具。本例所需加工的孔中，最小直径为 4，考虑到钻中心孔时精度不达要求，一般先钻小一号尺寸中心孔，然后再扩孔。另外，本例在毛坯创建上要把中央凹腔部分去除掉。在创建几何体时，需要把两侧盲孔分开设置，创建加工操作时也要分开操作。

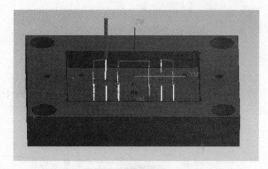

图 8-102

3. 任务操作步骤

1）启动 UG NX 软件，打开文件"：\ugsx\mk8-sx3\mk8-sx3-001.prt"。加工部件如图 8-103 所示，本实训进行部件的孔加工操作。

2）需要加工的孔如图 8-104 所示，其中 φ4 孔 22 个，φ5 孔 2 个，φ6 孔 4 个，φ8 孔 3 个，这些孔加工都需要先使用中心钻打孔，然后再使用啄钻扩孔，考虑到最小孔直径为 4，故选择中心钻直径为 φ3。另外图中上下两个位置的 φ8 孔为盲孔，深度为 21mm，其余孔都为通孔。

图 8-103

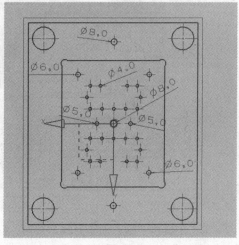

图 8-104

3）在"注塑模向导"工具栏中，单击"方块"命令，如图 8-105 所示，设置"默认间隙"值为"0"mm，单击部件的两个相邻侧面，创建毛坯实体。这里可以再使用"拉伸"命令选取部件内腔的边缘线，利用"求差"命令去除毛坯体的空腔部分。

4）单击"编辑对象显示"命令，打开"编辑对象显示"对话框，设置毛坯体的透明度为"100"，如图 8-106 所示，则毛坯体在视觉上被隐藏了，便于后续步骤操作。

5）单击"开始"→"加工"命令，在"加工环境"对话框中选择"要创建的 CAM 设置"为"drill"，如图 8-107 所示，单击"确定"按钮进入加工模块。

6）单击"创建程序"按钮，打开"创建程序"对话框，如图 8-108 所示，在对话框中设置"类型"为"drill"，"程序"为"NC_PROGRAM"，在"名称"中输入"PROGRAM_01"，单击"确定"按钮完成设置。

图 8-105

图 8-106

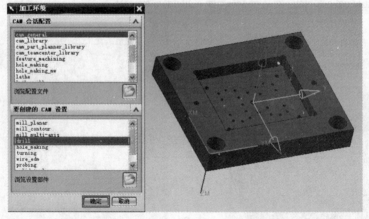

图 8-107

7）单击工具栏中的"创建刀具"按钮，打开"创建刀具"对话框，如图 8-109 所示，设置"类型"为"drill"；"刀具子类型"选择为"SPOTDRILLING_TOOL（中心钻）"，在"名称"中输入为"D3"，单击"应用"按钮进行详细设置。

8）在"钻刀"对话框中设置"直径"为"3"mm；"刀具号"设为"1"，如图 8-110 所示，单击"确定"按钮完成刀具创建。

9）在"创建刀具"对话框中，设置"刀具子类型"为"DRILLING_TOOL（啄钻）"，输入"名称"为"D4"，如图 8-111 所示。单击"应用"按钮进行详细参数的设置。

10）如图 8-112 所示，在"钻刀"对话框中设置"直径"为"4"mm，设置"刀具号"为"2"。单击"确定"按钮完成刀具创建。

图 8-108

图 8-109　　　　　　　　　　图 8-110　　　　　　　　　　图 8-111

11）使用同样方法完成 D5、D6、D8 三把钻刀的创建，"刀具子类型"都选择"啄钻"；"刀具号"分别为 3 ~ 5 号，如图 8-113 所示。

12）单击"创建几何体"按钮，弹出"创建几何体"对话框，如图 8-114 所示。设置"类型"为"drill"，"几何体子类型"选择为"MCS"，在"名称"中输入"MCS-1"，单击"应用"按钮进行详细设置。

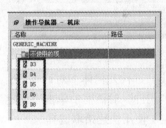

图 8-113

图 8-112　　　　　　　　　　图 8-114

13）如图 8-115 所示，在"MCS"对话框中单击"自动判断"按钮，然后选择部件上表面。单击"确定"按钮完成机床坐标系设定。

设定好的 MCS 如图 8-116 所示。

图 8-115

图 8-116

14）如图 8-117 所示，在"创建几何体"对话框中设置"几何体子类型"为"WORKP IECE"，设置"名称"为"WORKPIECE_1"，单击"应用"按钮进行详细设置。

15）在"工件"对话框中，单击"指定部件"按钮，如图 8-118 所示。

图 8-117

图 8-118

16）在弹出"部件几何体"对话框中，单击部件实体，如图 8-119 所示，单击"确定"按钮完成设置。在"工件"对话框中单击"指定毛坯"按钮（见图 8-118），在弹出的对话框中单击毛坯实体完成设定（使用快速拾取选择）。

17）如图 8-120 所示，在"创建几何体"对话框中选择"几何体子类型"为"DRILL_GEOM"，在"名称"中输入"D3"。单击"应用"按钮进行详细设置。

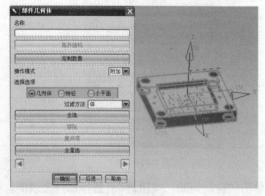

图 8-119

图 8-120

18）在"钻加工几何体"对话框中，单击"指定孔"按钮，如图 8-121 所示。

19）如图 8-122 所示，在弹出的"点到点几何体"对话框中单击"选择"按钮。

20）如图 8-123 所示，在弹出的对话框中单击"面上所有孔"按钮。

图 8-121

图 8-122

图 8-123

21）在弹出的如图 8-124 所示的对话框中分别单击"最小直径"和"最大直径"按钮，将数值分别设置为"2"mm 和"10"mm（本例可不设置）。选择部件内腔底面，即可将所有孔选上。（注意外侧两个 φ8 孔是盲孔，单独创建几何体）。单击"确定"按钮完成设置。

22）在"点到点几何体"对话框中单击"规划完成"按钮，如图 8-125 所示，完成"D3"加工孔的选择。

23）在"钻加工几何体"对话框中单击"指定部件表面"按钮，在弹出的"部件表面"对话框中选中部件内腔的底面，如图 8-126 所示，单击"确定"按钮完成设置。

24）在"钻加工几何体"对话框中，单击"指定底面"按钮，在弹出的"底面"对话框中选中部件的底面，如图 8-127 所示，单击"确定"按钮完成设置。

图 8-124

图 8-125

图 8-126

25）如图 8-128 所示，在"创建几何体"对话框中选择"几何体子类型"为"DRILL_GEOM"；在"名称"中输入"D3-2"。单击"应用"按钮进行详细设置。

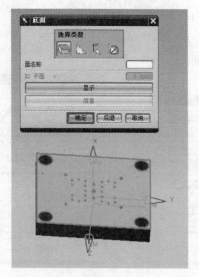

图 8-127

图 8-128

26）在弹出的"点到点几何体"对话框中单击"选择"按钮，在弹出的对话框中直接单击顶面的两个孔，如图 8-129 所示，然后单击"确定"按钮完成设定。

27）在"钻加工几何体"对话框中单击"指定部件表面"按钮，在弹出的"部件表面"对话框中选中部件顶面，如图 8-130 所示，然后单击"确定"按钮完成设置。

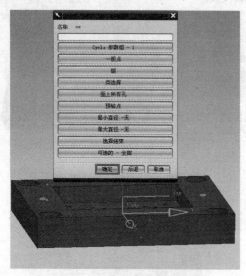

图 8-129

图 8-130

28）在"钻加工几何体"对话框中，单击"指定底面"按钮，在弹出的"底面"对话框中选中孔的底面圆周，如图 8-131 所示，单击"确定"按钮完成设置。

29）使用同样方法创建好 D4、D5、D6、D8、D8-2 几何体，如图 8-132 所示。其中 D4 为所有 φ4 孔区域，以此类推。D8-2 为顶面两个孔区域，可参照 D3-2 设置。

30）单击"创建操作"按钮，弹出如图 8-133 所示的"创建操作"对话框。设置"类型"为"drill"；"操作子类型"选择"SPOT_DRILLING"；"工具"选择"D3"，"几何体"选择"D3"；在"名称"中输入"D3-1"。单击"应用"按钮进行详细设置。

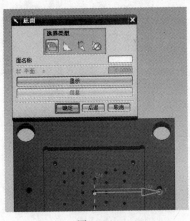

图 8-131

图 8-132

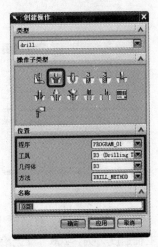

图 8-133

31）在"点钻"对话框中设置"最小安全距离"为"25"mm；单击"循环"右侧的"编辑参数"按钮，如图 8-134 所示。

32）如图 8-135 所示，在弹出的"指定参数组"对话框中直接单击"确定"按钮。

33）如图 8-136 所示，在"Cycle 参数"对话框中单击"Depth（Tip）"按钮。

图 8-134

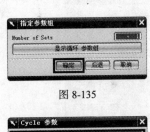

图 8-135

图 8-136

34）在弹出的"Cycle 深度"对话框中，单击"穿过底面"按钮，如图 8-137 所示。依次单击"确定"完成设置。

35）在"点钻"对话框中单击"避让"按钮，在弹出的对话框中单击"Clearance Plane"按钮，如图 8-138 所示。

36）如图 8-139 所示，在弹出的"安全平面"对话框中单击"指定"按钮。

37）在弹出的"平面构造器"对话框中，设置"偏置"为"5"mm，如图 8-140 所示。选中部件的顶面，单击"确定"按钮完成设置。

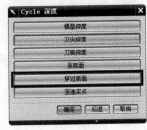

图 8-137

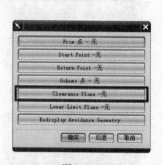

图 8-138

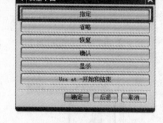

图 8-139

图 8-140

38）在"点钻"对话框中，单击"进给和速度"按钮，打开"进给和速度"对话框，设置"主轴速度"为"200"，"进给率"为"80"，如图 8-141 所示。

39）在"点钻"对话框中，单击"生成刀轨"按钮，经计算得到如图 8-142 所示的刀轨。单击"确定"按钮完成操作创建。

图 8-141

图 8-142

40）在"操作导航器"中选中"D3-1"操作，并单击鼠标右键，在弹出的快捷菜单中选择"复制"命令，如图 8-143 所示。

41）如图 8-144 所示，选择"DRILL_METHOD"并单击鼠标右键，在弹出的快捷菜单中选择"内部粘贴"命令。

42）将粘贴的操作重命名为"D3-2"，并单击鼠标右键，在弹出的快捷菜单中并选择"编辑"命令，如图 8-145 所示。

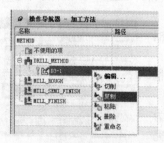

图 8-143

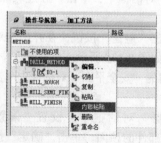

图 8-144

图 8-145

43）在弹出的"点钻"对话框中选择"几何体"为"D3-2"，设置"最小安全距离"为"20"；单击"循环"右侧的"编辑参数"按钮，如图8-146所示。

44）在弹出的"指定参数组"对话框中，直接单击"确定"按钮，如图8-147所示。

45）在"Cycle参数"对话框中，单击"Depth（Tip）"按钮，如图8-148所示。

46）在弹出的"Cycle深度"对话框中，单击"刀肩深度"按钮，如图8-149所示。

47）在弹出的对话框中设定"深度"值为"21"，如图8-150所示。

图 8-146

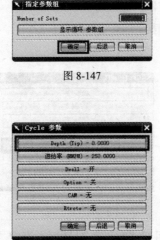

图 8-147

图 8-148

图 8-149

图 8-150

48）设置完成后，依次单击"确定"按钮返回"点钻"对话框。单击对话框下方的"生成"按钮，得到如图8-151所示刀轨。单击"啄钻"对话框中的"确定"按钮完成操作创建。

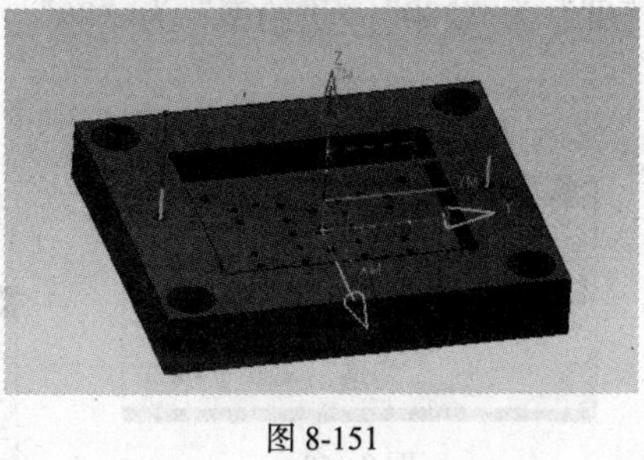

49）在工具栏上单击"创建操作"按钮，弹出"创建操作"对话框，如图8-152所示。选择"操作子类型"为"PECK_DRILLING"；设定"工具"为"D4"；"几何体"为"D4"；在"名称"中输入"D4"。单击"应用"按钮进行下一步设置。

图 8-151

50）图8-153所示，在"啄钻"对话框中，单击"循环"下拉列表中的"啄钻"选项。

51）如图8-154所示，在弹出的对话框中直接单击"确定"按钮。

52）如图8-155所示，在弹出的"指定参数组"对话框中单击"确定"按钮。

53）在"Cycle参数"对话框中单击"Depth-Thru Bottom"按钮，如图8-156所示。

54）在弹出的"Cycle深度"对话框中，单击"穿过底面"按钮，如图8-157所示。单击"确定"按钮完成设置。

55）如图8-158所示，在"Cycle参数"对话框中单击"Increment"按钮。

56）如图8-159所示，在"增量"对话框中单击"恒定"按钮。

57）在弹出的对话框中设定"增量"为"2.5"，如图8-160所示。

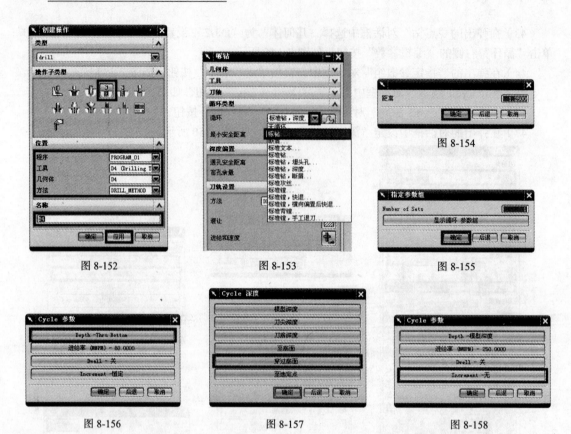

图 8-152　　　　　　　　　图 8-153　　　　　　　　　图 8-154

图 8-155

图 8-156　　　　　　　　　图 8-157　　　　　　　　　图 8-158

58）依次单击"确定"按钮回到"啄钻"对话框，设定"最小安全距离"为"25"，"通孔安全距离"为"1.5"，"盲孔余量"为"0"，如图 8-161 所示。

59）单击"进给和速度"按钮，弹出如图 8-162 所示的"进给和速度"对话框。设定"主轴速度"为"200"；"进给率"为"80"。单击"确定"按钮返回"啄钻"对话框。

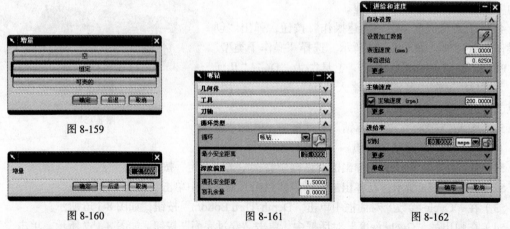

图 8-159

图 8-160　　　　　　　　　图 8-161　　　　　　　　　图 8-162

60）单击"生成刀轨"按钮，生成如图 8-163 所示的刀轨。单击"啄钻"对话框中的"确定"按钮完成操作创建。

61）在"部件导航器"中将操作"D4"复制到"几何体 D5"下，并重命名为"D5"，同时单击鼠标右键，并在弹出的快捷菜单中选择"编辑"命令，如图 8-164 所示。

62）在弹出的"啄钻"对话框中，设定"工具"为"D5"，其他参数默认，单击"生成刀轨"按钮，如图8-165所示。

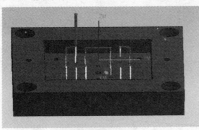

图 8-163

图 8-164

图 8-165

63）查看生成的刀轨，并单击"确认刀轨"按钮，播放模拟加工动画，如图8-166所示。单击"啄钻"对话框中的"确定"按钮完成操作创建。

64）用同样方法在"几何体 D6"下创建操作"D6"，各项参数不做修改，各项参数如图8-167所示。直接单击"生成刀轨"按钮。

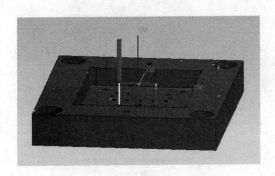

图 8-166

图 8-167

65）得到模拟加工，如图 8-168 所示。单击"啄钻"对话框中的"确定"按钮完成操作创建。

66）同样在"几何体 D8"下创建操作"D8"，在"啄钻"对话框中参数不做修改，直接单击"生成"按钮，如图 8-169 所示。

图 8-168

图 8-169

67）单击"确认刀轨"按钮，播放模拟加工动画，如图 8-170 所示。

68）通过复制方式在"几何体 D8-2"下创建操作"D8-2"，并单击鼠标右键，在弹出的快捷菜单中选择"编辑"命令。在"啄钻"对话框中，单击"循环"右侧的"编辑参数"按钮，如图 8-171 所示。

图 8-170

图 8-171

69）在"Cycle 参数"对话框中，单击"Depth-Thru Bottom"按钮，如图 8-172 所示。

70）在弹出的"Cycle 深度"对话框中，单击"刀肩深度"按钮，如图 8-173 所示。

71）在弹出的对话框中设定"深度"值为"20"，如图 8-174 所示。

图 8-172

图 8-173

图 8-174

72）回到"啄钻"对话框，单击"生成刀轨"按钮和"确认刀轨"按钮。生成的模拟加工动画如图 8-175 所示。单击"确定"按钮完成创建。

73）在"操作导航器"中选中"MCS-1"选项，然后单击工具栏中的"生成刀轨"按钮，如图 8-176 所示。

74）在弹出的"刀轨可视化"对话框中，单击"2D 动态"选项卡，调整"动画速度"滑块控制播放速度，然后单击"播放"按钮，即可在视图窗口观看整个加工过程，如图 8-177 所示。

图 8-175

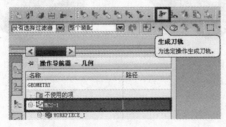

图 8-176

图 8-177

75）生成的仿真加工动画如图 8-178 所示。保存文件，本实训任务全部完成。

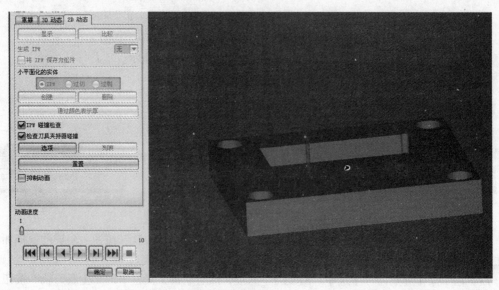

图 8-178

习 题

1. 创建平面铣操作完成部件的加工，要求进行粗加工、半精加工和精加工三道工序。粗加工刀具使用 φ10，半精加工和精加工使用 φ6，其他参数自行选择，如图 8-179 所示（文件路径 ":\ugsx\mk8-xt\mk8-xt-001.prt"）。

2. 创建型腔铣操作完成部件的加工，要求进行粗加工、半精加工和精加工三道工序。粗加工刀具使用 φ12R1，半精加工使用 φ6R3 和精加工使用 φ6R0.5，其他参数自行选取，如图 8-180 所示（文件路径 ":\ugsx\mk8-xt\mk8-xt-002.prt"）。

3. 完成部件的孔加工任务，各孔的几何参数自行测量，刀具按孔尺寸自行设置。其他参数也自行选择，如图 8-181 所示。

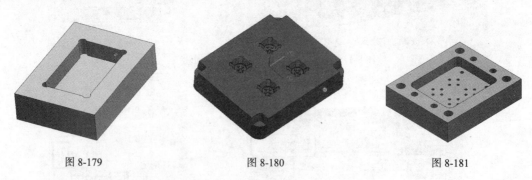

图 8-179   图 8-180   图 8-181

参 考 文 献

[1] 李锦标，等 . UG NX 模具设计与数控加工专家实例精讲 [M]. 北京：机械工业出版社，2011.

[2] 野火科技组 . UG NX 7.5 产品设计一体化解决方案（模具设计＋编程篇）[M]. 北京：机械工业出版社，2011.

[3] 何渝，谢龙汉，黄永宁 . UG NX 6 模具设计实例图解 [M]. 北京：清华大学出版社，2009.

[4] 唐忠义 . 模具设计与制造基础 [M]. 长沙：中南大学出版社，2006.

[5] 薛智勇，师艳侠，胡立平 . CAD/CAM 软件应用技术 [M]. 北京：北京理工大学出版社，2012.

[6] 韩思明，周铭杰 . UG NX 6 中文版模具设计经典实例解析 [M]. 北京：清华大学出版社，2009.

[7] 黄成，贾广浩 . UG NX 8 模具设计授课笔记 [M]. 北京：电子工业出版社，2012.

参考文献